T0198541

Ausführung qualitativer Analysen

Von

Prof. Dr. **S. Walter Souci**

unter Mitwirkung von

Prof. Dr. **Heinrich Thies**

Neunte, neu bearbeitete Auflage

MÜNCHEN
VERLAG VON J. F. BERGMANN
1971

ISBN 3-8070-0282-0 Verlag J. F. Bergmann · München
ISBN 0-387-00282-0 Springer-Verlag New York · Heidelberg · Berlin

Das Werk ist urheberrechtlich geschützt. Die dadurch begründeten Rechte, insbesondere die der Übersetzung, des Nachdruckes, der Entnahme von Abbildungen, der Funksendung, der Wiedergabe auf photomechanischem oder ähnlichem Wege und der Speicherung in Datenverarbeitungsanlagen bleiben, auch bei nur auszugsweiser Verwertung, vorbehalten.

Bei Vervielfältigungen für gewerbliche Zwecke ist gemäß § 54 UrhG eine Vergütung an den Verlag zu zahlen, deren Höhe mit dem Verlag zu vereinbaren ist.

© 1941 und 1944 by Springer-Verlag OHG. in Berlin
© by J. F. Bergmann, München 1960 und 1971. Printed in Germany. Library of Congress Catalog Card Number 70-172 112

Die Wiedergabe von Gebrauchsnamen, Handelsnamen, Warenbezeichnungen usw. in diesem Werk berechtigt auch ohne besondere Kennzeichnung nicht zu der Annahme, daß solche Namen im Sinne der Warenzeichen- und Markenschutz-Gesetzgebung als frei zu betrachten seien und daher von jedermann benutzt werden dürften.

Gesamtherstellung: Druckhaus Sellier OHG Freising vormals Dr. F. P. Datterer & Cie.

Vorwort zur neunten Auflage

Vorliegende Arbeitsanleitung soll dem Studenten der Chemie und Pharmazie bei der Ausführung seiner Praktikums- und Examensanalysen dienen. Da es sich um eine Laboratoriumsanleitung handelt, wurden theoretische Erläuterungen, Reaktionsgleichungen u. dgl. grundsätzlich vermieden. Vielmehr wird die Kenntnis der theoretischen Grundlagen der Analyse sowie der praktischen Arbeitsgänge vorausgesetzt. Ihrer Erarbeitung dienen die bewährten Lehrbücher der analytischen Chemie, auf die in diesem Zusammenhang besonders hingewiesen sei. Speziell auf den Stoff des vorliegenden Gesamtanalysenganges zugeschnitten ist das von den Verfassern herausgegebene „Praktikum der qualitativen Analyse“ (Verlag J. F. Bergmann, München) das zur Einführung in die praktischen und theoretischen Grundlagen der Analyse empfohlen werden kann. Nur durch die verstandesmäßige Erfassung der einzelnen Reaktionen und Trennungsgänge und die stete Vergegenwärtigung ihrer wissenschaftlichen Begründung läßt sich ein schematisches kochbuchmäßiges Arbeiten vermeiden.

Der Stoff des Buches umfaßt die wichtigsten anorganischen Verbindungen, ferner eine beschränkte Anzahl einfacher organischer Stoffe. Für ihre Bezeichnung wurden die modernen Richtsätze der „International Union of Pure and Applied Chemistry“ (IUPAC) zugrundegelegt, die als Anhang in einer Tabelle der früheren Nomenklatur gegenübergestellt sind (vgl. S. 119). Ein Überblick über den gesamten Inhalt findet sich auf der letzten Seite des Buches.

Seiner Zielsetzung entsprechend behandelt das Buch nur solche Reaktionen und Trennungsgänge, die sich im analytischen Unterrichtspraktikum bewährt haben und die mit relativ einfachen Mitteln durchgeführt werden können. Zur Identifizierung von Kationen finden sich neben den klassischen Methoden der analytischen Chemie als Anhang auch wichtigere Verfahren der Dünnschichtchromatographie. Auf die Beschreibung mehrerer dem gleichen Zweck dienender Trennungs- und Nachweismethoden wurde mit wenigen Ausnahmen verzichtet, sofern die angegebenen Methoden allein als beweisend angesehen werden können. Die Nichtbeschreibung von Reaktionen und Trennungsgängen darf daher nicht als negatives Werturteil für diese betrachtet werden.

Besonderes Gewicht wurde darauf gelegt, mögliche Störungen zu beschreiben und erprobte Wege zu ihrer Vermeidung oder Beseitigung anzugeben. Auch für die „Entstörungsverfahren" existieren oft mehrere Wege, von denen jeweils nur ein Verfahren, das sich praktisch besonders bewährt hat, angegeben wurde, um unnötige Zeitverluste zu vermeiden.

Der „Analysengang" ist am ehem. „Institut für Pharmazeutische und Lebensmittelchemie" unter Leitung von Prof. Dr. Benno Bleyer als Unterrichtsanleitung entstanden. Die Verbreitung, die das Buch in seinen früheren Auflagen gefunden hat, gibt zu der Erwartung Anlaß, daß auch die vorliegende Auflage dem Studierenden bei der Durchführung seiner Analysen von Nutzen sein wird.

München, im Sommer 1971 Die Verfasser

Inhalt

Analysengang

Erste Hilfe bei Unfällen[1]

Bei allen schwereren Unfällen oder bei Unfällen, deren Schwere nicht beurteilt werden kann, ist der Verunglückte sofort der ärztlichen Behandlung (Klinik) zuzuführen. Telephonische Anmeldung ist zweckmäßig. Die erste Hilfe durch Laien hat nach folgenden Richtlinien zu erfolgen.

1. Brandwunden

Verbrennungen leichten Grades lasse man unberührt und sorge nur dafür, daß frische Luft hinzutreten kann. Bei schwereren Verbrennungen behandle man die verbrannten Teile mit einem Puder (Talkum, Dermatol) und an den Rändern mit einem Sulfonamidgel[2] oder lege ein Brandwunden-Verbandpäckchen an. Ausgedehntere Verbrennungen sind nur mit einem trockenen keimfreien Verbandmull lose zu bedecken und sofort der ärztlichen Behandlung zuzuführen. — Keinesfalls sind bei Verbrennungen Wasser, Öle, Fette oder Salben anzuwenden! Brandblasen dürfen nicht geöffnet werden.

2. Größere Schnittwunden

Nach dem Abtupfen der Wunde mit trockenem keimfreien Verbandmull — nicht mit Watte — entferne man sichtbare Glassplitter mittels einer in der Flamme sterilisierten Pinzette. Sodann lege man einen sterilen Notverband an. Falls nicht

[1] Ausführlichere Angaben finden sich u. A. in folgenden Büchern: E. Rüst und A. Ebert: Unfälle beim chemischen Arbeiten. Zürich: Rascher. — H. Zapp: Verhüte Unfälle, lerne helfen! München: C. Hanser. — Anleitung zur Ersten Hilfe bei Unfällen. Köln: Heymann. — S. Moeschlin: Klinik und Therapie der Vergiftungen. Stuttgart: Georg Thieme. — H. Grubitsch: Anorganisch-präparative Chemie. Wien: Springer. — H. Lux: Anorganisch-chemische Experimentierkunst. Leipzig: Johann Ambrosius Barth. — Houben-Weyl: Methoden der organischen Chemie, Bd. I/2: Allgemeine Laboratoriumspraxis II. Stuttgart: Georg Thieme. — Vgl. ferner auch die Merkblätter der Berufsgenossenschaft der Chemischen Industrie. Weinheim/Bergstraße: Verlag Chemie, sowie die neuesten Ärztejahrbücher großer Chemiewerke.

[2] In Frage kommen: Badionalgel, Pallidingel oder Aristamidgel (in der Notapotheke des Institutes vorrätig zu halten).

vorhanden, Wunde offen lassen und zum Arzt. Nicht mit Wasser auswaschen!

Bei Schlagaderblutungen: Hochlagern und Abbinden des Gliedes mit einem Gummischlauch zwischen Wunde und Herz. Die Abschnürung darf höchstens 1 Stunde lang bestehen bleiben.

3. Verätzung der Haut

Abwaschen mit kräftigem Wasserstrahl; dann Betupfen mit etwa 3%iger Natriumhydrogencarbonatlösung (bei Säuren) oder mit etwa 3%iger Essigsäure (bei Laugen). Im Anschluß daran Salbenverband. Bei Verätzungen durch *Brom* wasche man die verätzte Stelle mit Äthanol, Benzol, Petroleum oder 1%iger Natriumthiosulfatlösung ab. — Benetzte Kleidungsstücke sind sofort zu entfernen.

4. Verätzung des Mundes

Mund kräftig mit Wasser ausspülen. Dann Spülen mit einer Aufschwemmung von Magnesiumoxid (bei Säuren) oder mit etwa 3%iger Essigsäure (bei Laugen). Bei *Silbernitratverätzung* spüle man mit verdünnter Kochsalzlösung.

5. Verätzung des Magens und Vergiftungen über den Magen

Brechreiz schaffen, indem man als Brechmittel eine kräftige Seifenlösung trinken läßt[1] und sodann den Verletzten veranlaßt, bei gebeugter Haltung mit dem Finger den Gaumen zu berühren. Erbrochenes nicht wegwerfen, sondern zur evtl. Untersuchung aufheben! *Nach dem Erbrechen* lasse man bei Verätzung durch *Säuren* eine Aufschwemmung von Magnesiumoxid oder Calciumcarbonat trinken, bei *Laugen* gebe man in kleinen Portionen etwa 3%ige Essigsäure, in beiden Fällen, wenn möglich, zusammen mit Eisstückchen. Bei Vergiftungen (nicht Verätzungen) sind 10—20 g Aktivkohle angezeigt. Im übrigen ist sofortige ärztliche Versorgung zu veranlassen.

Für spezielle Vergiftungsfälle werden neben Aktivkohle folgende Gegengifte (per os) empfohlen:

---

[1] Ersatzweise kann auch eine 2%ige Kupfersulfatlösung (bis zu 50 ml) als Brechmittel genommen werden.

Kaliumcyanid . . . . . . $^1/_4$ Liter 5%ige Natriumthiosulfat- oder 0,2%ige Kaliumpermanganatlösung (siehe auch unter *Cyanwasserstoff*-Vergiftung, Abschnitt 7, unten).

Natriumnitrit . . . . verdünnte Natriumsulfatlösung und hohe Dosen Vitamin C.

Arsenik . . . . verdünnte Eisen (III) -chlorid- oder -sulfatlösung, gemischt mit Magnesiumoxid.

Quecksilberverbindungen . . Eiweiß (z. B. rohe Eier).

Silbernitrat . . . . verdünnte Kochsalzlösung.

Sonstige Vergiftungen . . . vgl. die Angaben der Literatur (S. 1, Anm. 1).

6. Verätzung der Augen

Der Verletzte versuche sofort, die Augen unter Wasser mehrmals zu öffnen und zu schließen (Schüssel oder Waschbecken), oder man gieße ihm — auf dem Boden liegend — 15 min lang vorsichtig Wasser auf das verletzte Auge. Bei *Säuren* empfiehlt sich Zusatz von 1% Natriumhydrogencarbonat, bei Laugen von 1% Borsäure. Man vermeide es jedoch, die Augenlider gewaltsam auseinanderzuziehen. Dann Verbinden beider Augen mit einer lockeren Mullbinde oder einem sauberen Tuch und sofort zum Augenarzt.

7. Verätzung oder Vergiftung durch Gase

Unbedingte Ruhe und frische Luft. Schwervergiftete ins Freie bringen, dort mit gelockerter Kleidung warm eingehüllt auf den Rücken legen. Bei Vergiftung durch *Cyanwasserstoff*, *Schwefelwasserstoff*, *Kohlenoxid*, *Kohlendisulfid* ist künstliche Atmung (gegebenenfalls mit Sauerstoff aus einer Bombe; Glastrichter) angezeigt — nicht jedoch bei Vergiftung durch *Chlor*, *Brom*, *Phosgen*, *nitrose Gase*, *Schwefeldioxid* oder andere ätzende Gase. Durch Einatmen von Wasserdampf kann häufig dem Verletzten Erleichterung verschafft werden.

Gegen *Cyanwasserstoff*-Vergiftung lasse man umgehend Amylnitrit einatmen (in Glasperlen oder Ampullen eingeschmolzen vorrätig zu halten, die bei Bedarf in einem Taschentuch zerbrochen werden); dann (durch den Arzt) langsam intravenöse Injektion von 10 ml 3%iger Natriumnitritlösung und darauf aus einer zweiten Spritze durch die gleiche Nadel von 50 ml 25%iger Natriumthiosulfatlösung. — Falls Injektion nicht möglich, lasse man größere Mengen

Natriumthiosulfatlösung trinken (vgl. oben). — Bei *Chlorvergiftung* lasse man Äthanoldämpfe und/oder Sauerstoff einatmen.

Einführung und allgemeine Arbeitsregeln

1. Einteilung der Analyse und Arbeitsplan

Jede Analyse zerfällt in drei Hauptabschnitte:

A. Reaktionen aus der Substanz,

B. Prüfung des Sodaauszugs auf Säuren (Anionen),

C. Prüfung auf Metalle (Kationen).

Bei der Durchführung der Analysen ist es oft nicht notwendig, die Reaktionen in der Reihenfolge auszuführen, in der sie im Text beschrieben sind. Es ist vielmehr zweckmäßig, die Arbeit so einzuteilen, daß länger dauernde Operationen, wie Kochen des Sodaauszugs, Filtrieren, Auswaschen, Trocknen, Aufschließen des unlöslichen Rückstandes stets neben anderen Arbeiten durchgeführt werden, damit keine ungenützten Wartezeiten entstehen.

Schon von der ersten Analyse an soll der Anfänger bestrebt sein, bei allen Reaktionen mitzudenken: *Er soll sich Rechenschaft geben über den Sinn der einzelnen Arbeitsvorschriften und sich die bei den Reaktionen stattfindenden Vorgänge vergegenwärtigen.* Um dies zu erleichtern, ist es empfehlenswert, sich von der textlichen Beschreibung des Analysenganges möglichst bald freizumachen und nur nach einer schematischen Übersicht zu arbeiten, die man sich vor Beginn der Analysen über jeden einzelnen Abschnitt selbst anzufertigen hat. Man trägt zu diesem Zweck die Ionen, auf die in der Substanz bzw. im Sodaauszug geprüft wird, in der Reihenfolge, in der die Reaktionen ausgeführt werden, in eine Liste ein — jeweils mit kurzem Hinweis auf die anzuwendende Reaktion — und fertigt sich weiterhin ein Schema an, das den *Trennungsgang für Kationen* darstellt. Diese Aufzeichnungen sollen bei der Analyse nach Möglichkeit als einzige Vorlage dienen, während der vorliegende ausführliche Analysengang nur im Bedarfsfall zur Kontrolle benützt wird. Dabei wird vorausgesetzt, daß der Analytiker die Ausführungsweise der einzelnen Reaktionen in groben Zügen beherrscht, was nach den ersten Analysen auch ohne besondere Schwierigkeiten möglich ist.

2. Berücksichtigung der bei der Analyse auftretenden Störungen

Bei der Durchführung einer Analyse ist häufig mit dem Auftreten von Störungen zu rechnen, die durch die gleichzeitige Anwesenheit anderer Bestandteile bedingt sein können. Eine Zusammenstellung der wichtigsten Störungen ist jeweils in den einzelnen Abschnitten gegeben. Die Angabe von Störungen beschränkt sich jedoch grundsätzlich auf solche Fälle, die bei richtigem Arbeiten auftreten können. Störungen durch fehlerhaftes Arbeiten oder auch solche, die durch Zusammenmischung an sich „unverträglicher" Stoffe entstehen können, sind nicht berücksichtigt.

Die angegebenen Störungen lassen sich ihrer Bedeutung nach in 2 Gruppen einteilen, von denen die eine Gruppe solche Störungen umfaßt, die immer und unter allen Umständen eintreten *müssen*, wenn das störende Ion vorliegt (z. B. Störung des Nitratnachweises durch Nitrit). Die andere Gruppe dagegen umfaßt solche Störungen, die unter ungünstigen Umständen eintreten *können*, aber nicht eintreten müssen (z. B. Störung des Thiocyanatnachweises durch Fluorid). Es ist daher notwendig, bei der Durchführung der Analyse jeweils zu überlegen, ob mit der angegebenen Störung unbedingt zu rechnen ist oder nicht. Um dem Anfänger diese Überlegung zu erleichtern, ist bei allen Störungen zu Beginn die Ursache der Störung in Klammern angegeben. *Das jeweils angegebene Verfahren zur Vermeidung der Störung ist stets nur dann anzuwenden, wenn dies nach den Umständen tatsächlich erforderlich erscheint.*

3. Versuchsmengen und Reaktionsgefäße

Für die rasche und erfolgreiche Durchführung einer Analyse ist die richtige Wahl der geeigneten Versuchsmengen sehr wichtig. Falls nur eine beschränkte Menge der zu analysierenden Mischung (in der Folge kurz „*Substanz*" genannt) vorliegt und eine Nachbeschaffung nicht möglich ist, stellt man von vornherein einen Teil der Substanz (etwa $^1/_4$ bis $^1/_3$) für etwaige spätere Wiederholungen bzw. Nachprüfungen zurück und teilt den Rest in zweckentsprechender Weise für die Untersuchung nach den drei Hauptabschnitten ein. Liegt genügend Substanz vor, so verwende man zur Herstellung des Sodaauszugs etwa 1 g, zur Herstellung der salzsauren Lösung der Substanz etwa 0,5 g, zur Herstellung des unlöslichen Rückstands je nach den Umständen 2—5 g und zu den einzelnen Reaktionen, die direkt mit der Substanz ausgeführt werden, je etwa 0,2 g Substanz. Bei Anwendung dieser Mengen ist es möglich, fast alle Reaktionen in Reagensgläsern unter Verwendung nur weniger Milliliter Untersuchungsflüssigkeit durchzuführen. Nur in Ausnahmefällen ist es notwendig, Bechergläser von 50 oder 100 ml Fassungsvermögen zu verwenden.

4. Reagentien und Geräte

Man gewöhne sich frühzeitig daran, nur soviel Reagens zu verwenden, als für den vorliegenden Zweck notwendig ist, da die Verwendung zu großer Reagensmengen die weitere Verarbeitung der zu untersuchenden Lösung erheblich erschweren kann.

Sind Versuche mit Reagentien auszuführen, die nicht in Lösung vorrätig gehalten werden können, sondern jeweils erst aufgelöst werden müssen, so ist — falls nichts anderes angegeben ist — die Einhaltung bestimmter Konzentrationen nicht erforderlich, in allen anderen Fällen verwende man die Reagentien in der vorgeschriebenen Zusammensetzung und Konzentration.

Über die zur Durchführung der Analysen benötigten Reagentien und Geräte finden sich Zusammenstellungen am Schluß des Buches (vgl. S. 111 und 114).

5. Kontrollreaktionen

Gelegentlich weisen die verwendeten Reagentien geringfügige Verunreinigungen auf, die bei einzelnen Reaktionen zu Täuschungen Anlaß geben können. Man prüfe daher in zweifelhaften Fällen bei *positivem Ausfall einer Reaktion* durch einen „*Blindversuch*", ob bei gleicher Versuchsanordnung ohne die Untersuchungssubstanz ein negatives Ergebnis erhalten wird. Ist beispielsweise bei der Prüfung des Sodaauszuges auf *Chlorid-Ion* mit Silbernitrat eine Trübung eingetreten, so überzeuge man sich davon, daß die zur Herstellung des Sodaauszugs verwendete Sodalösung nach dem Ansäuern mit Salpetersäure keine Trübung mit Silbernitrat gibt. — Bei *negativ ausgefallenen Reaktionen* stelle man im Zweifelsfall durch Zugabe des gesuchten Stoffes fest, ob nunmehr eine Fällung eintritt. Auf die Notwendigkeit der Ausführung derartiger Kontrollreaktionen ist im Text nicht mehr besonders hingewiesen.

6. Neutralisieren von Lösungen

Zu der zu neutralisierenden Lösung fügt man das vorgeschriebene saure oder alkalische Reagens hinzu, bis das verwandte Indicatorpapier den Neutralpunkt der Lösung (p_H 7) anzeigt. Prüft man mit Lackmuspapier, so muß blaues und rotes Lackmuspapier die gleiche *blau-rote Mischfarbe* aufweisen. Um den Neutralpunkt rasch und genau zu erreichen, dürfen gegen Ende des Neutralisierens nur sehr kleine Flüssigkeitsmengen (Tropfen) der stark verdünnten Neutralisierungsflüssigkeit zugegeben werden. Nach jeder Zugabe wird die Flüssigkeit gründlich durchgemischt (im Reagensglas oder Erlenmeyerkolben durch wiederholtes Umschwenken, im Becherglas und in anderen Gefäßen durch Rühren mit einem Glasstab) und sodann mit Indicatorpapier geprüft, indem man mit einem Glasstab 1 Tropfen der Flüssigkeit daraufgibt (bei Verwendung von Lackmuspapier je 1 Tropfen Flüssigkeit auf das rote und das blaue Papier). Hat man die Neutralisierungsflüssigkeit zuvor längs des Glasstabes zufließen lassen, so ist dieser vor Herausnahme der Flüssigkeitstropfen abzuspülen. Wird im Reagensglas neutralisiert, so verschließt man dieses beim Umschwenken mit dem Daumen und berührt dann damit das Indicatorpapier.

Ist versehentlich zuviel Neutralisierungsflüssigkeit zugegeben worden („*Überneutralisieren*"), so versucht man, den Neutralpunkt „von der anderen Seite her" zu erreichen, indem man eine Säure bzw. Lauge hinzufügt, die die später mit der neutralisierten Flüssigkeit anzustellende Reaktion nicht störend beeinflußt, oder man verwendet, falls die Neutralisierung nur mit einem Teil der Ausgangslösung ausgeführt wurde, die letztere direkt zur „Rückneutralisation".

7. Ansäuern und Alkalisch-machen von Lösungen

Man neutralisiert zunächst grob, indem man so lange Neutralisierungsflüssigkeit in größeren Anteilen zugibt, bis die Farbe des Indicatorpapiers umschlägt, und fügt dann noch einen dem jeweiligen Zweck entsprechenden Überschuß hinzu.

8. Abscheidung von Niederschlägen

Ist im Gang der Analyse ein Stoff abzutrennen und daher vollständig auszufällen, so versetzt man die im Reagensglas oder Becherglas befindliche Flüssigkeit in kleinen Anteilen unter gelegentlichem Umschwenken mit der Fällungsflüssigkeit, bis bei weiterem Zusatz keine Fällung mehr eintritt. Um erkennen zu können, wann dies der Fall ist, läßt man die gut umgeschwenkte Flüssigkeit kurze Zeit stehen, bis sich die obersten Schichten durch Sedimentieren des Niederschlags geklärt haben, und läßt dann an der Wandung des Fällungsgefäßes eine kleine Menge der Fällungsflüssigkeit herabfließen. Ist die Fällung beendet, so bleibt die Flüssigkeit an der Einflußstelle klar. Sodann füge man noch einen entsprechenden — nicht zu großen — Überschuß (meist genügen einige Tropfen) an Fällungsflüssigkeit hinzu. In Zweifelsfällen ist eine Probe des Filtrats durch eine geeignete Reaktion zu prüfen, ob das Fällungsreagens tatsächlich im Überschuß vorliegt.

Dient die Abscheidung des Niederschlags nur der Identifizierung eines bestimmten Ions und ist eine weitere Verarbeitung der Lösung nicht beabsichtigt, so ist eine genaue Dosierung des Überschusses und Prüfung auf Vollständigkeit der Fällung im allgemeinen entbehrlich.

9. Filtrieren

Es ist zu beachten, daß *Niederschlagsmenge* und *Filtergröße* im richtigen Verhältnis zueinander stehen sollen, und zwar wähle man das Filter so groß, daß es nach beendigter Filtration etwa zu $^1/_4$ bis $^1/_3$ mit dem Niederschlag angefüllt wird. Zu kleine Filter erschweren das Auswaschen, zu große Filter bedingen, daß der Niederschlag sich „verliert" und daher schwer zu verarbeiten ist. Das Volumen der zu filtrierenden Flüssigkeit ist für die Wahl der Filtergröße belanglos; nur wenn der abzufiltrierende Niederschlag vernachlässigt werden kann, ist die Filtergröße dem Flüssigkeitsvolumen anzupassen.

10. Auswaschen von Niederschlägen

Abfiltrierte Niederschläge sind stets gründlich auszuwaschen. Ungenügendes Auswaschen führt zur Verschleppung bestimmter Bestandteile in andere Gruppen und kann so bemerkenswerte Fehler oder Störungen bedingen.

Nach dem vollkommenen Ablaufen der Lösung spritze man mittels einer Spritzflasche die Waschflüssigkeit — meist heißes

Wasser — so auf das Filter, daß der Niederschlag in die Spitze gespült wird, und wiederhole diese Operation mehrmals, wobei man jedesmal vollkommen abtropfen lasse. Auch der obere Rand des Filters ist gründlich auszuwaschen.

Die abfließenden Waschwässer werden gesondert aufgefangen und verworfen. Nur wenn die Filtratmenge im Verhältnis zum Niederschlag sehr gering ist, empfiehlt es sich, die ersten Anteile der Waschflüssigkeit mit dem Filtrat zu vereinigen und dann erst die „Vorlage“ zu wechseln.

11. Auflösen von Niederschlägen

Ist ein auf dem Filter befindlicher Niederschlag in Lösung zu bringen, so verwendet man eines der nachfolgend beschriebenen Arbeitsverfahren.

a) *Lösen des Niederschlags direkt vom Filter.* Man gießt das Lösungsmittel auf das Filter und fängt die durchlaufende Lösung in einem geeigneten Gefäß auf. — In gewissen Fällen empfiehlt es sich, zur Vermeidung einer zu großen Verdünnung mehrmals „hin- und herzufiltrieren“. Zu diesem Zweck gibt man die abgelaufene Lösung erneut auf das Filter und fängt das Filtrat in einem zweiten Gefäß auf. Dann setzt man den Trichter wieder auf das erste Gefäß und gießt das Filtrat von neuem auf das Filter. In dieser Weise fährt man fort, bis schließlich der ganze Niederschlag vom Filter gelöst ist. Das „Hin- und Herfiltrieren“ läßt sich besonders rasch und einfach bewerkstelligen, wenn man als Auffanggefäße Reagensgläser verwendet. — Vielfach empfiehlt es sich, das Lösungsmittel heiß anzuwenden. In diesem Fall ist das abgelaufene Filtrat vor dem erneuten Aufbringen auf das Filter nochmals zu erwärmen, sofern es sich während der Filtration zu sehr abgekühlt hat.

b) *Lösen nach Herunterspülen des Niederschlags vom Filter.* Ist der Niederschlag voraussichtlich nur zum Teil in dem Lösungsmittel löslich und muß dieses für die Reaktion ohnehin verdünnt werden, so ist es vielfach zweckmäßig, die Spitze des Filters, in dem sich der Niederschlag befindet, mit einem zu einer Spitze ausgezogenen Glasstab zu durchstoßen und den Niederschlag mit Hilfe der Spritzflasche mit Wasser in ein untergestelltes Reagensglas zu spülen. Hier wird dann der Niederschlag durch Zugabe des Lösungsmittels in Lösung gebracht.

c) *Lösen nach Abheben des Niederschlags vom Filter.* Liegt eine größere Menge Niederschlag vor, der voraussichtlich nur langsam oder nur zum Teil löslich ist oder zu dessen Lösung konzentrierte Säuren oder Laugen erforderlich sind, so trennt man den Niederschlag vom Filter, indem man das zu einem Quadranten gefaltete Filter auf eine mehrfache Lage Filtrierpapier legt und sodann mit Filtrierpapier vorsichtig abpreßt, bis die Hauptmenge der Flüssigkeit entfernt ist. Hierauf öffnet man das Filter und hebt den zusammengepreßten Niederschlag mit einem Horn- oder Nickelspatel ab. Man bringt ihn dann in ein geeignetes Gefäß und zerdrückt ihn unter Zugabe des Lösungsmittels mit einem Glasstab.

12. Trocknen von Niederschlägen

Man preßt zur Vortrocknung die Hauptmenge der Flüssigkeit, wie oben angegeben, mit Filtrierpapier ab, hebt den Niederschlag vom Filter ab und bringt ihn dann auf einem Uhrglas in den Trockenschrank. Eine Trocknung des Niederschlags auf dem Filter ist zu vermeiden, da getrocknete Niederschläge sich oftmals schwer vom Filter ablösen lassen.

13. Eindampfen von Lösungen

Das Eindampfen größerer Flüssigkeitsmengen erfolgt am einfachsten in einem Becherglas oder — noch rascher — in einer Abdampfschale über der Flamme des Bunsenbrenners, wobei zur Vermeidung von Siedeverzügen die Flamme nicht zu groß gestellt werden darf.

Kleine Flüssigkeitsmengen werden am zweckmäßigsten in einem Reagensglas eingedampft, welches hierbei nicht mehr als 4—5 ml Flüssigkeit enthalten darf. Während des Eindampfens, das bei richtiger Arbeitsweise nur wenige Minuten in Anspruch nimmt, wird das Reagensglas bei möglichst schräger Haltung in der vollen Flamme des Bunsenbrenners erhitzt und dabei ununterbrochen heftig geschüttelt. Größere Flüssigkeitsmengen werden im Reagensglas in mehreren kleinen Anteilen eingedampft: Man dampft zunächst 4—5 ml fast vollständig ein, gibt dann einen zweiten Anteil hinzu, dampft wieder ein und fährt so fort, bis alles eingedampft ist.

Ist eine Flüssigkeit bis zur vollständigen Trockenheit („zur Trockene") einzudampfen, so verwendet man eine Abdampfschale und verdampft zunächst wie üblich bis zur beginnenden Kristallisation. Sodann stellt man, um ein Verspritzen zu vermeiden, die Flamme klein und setzt das Eindampfen unter ständigem Rühren mit einem Glasstab fort, bis die Gesamtmenge der Flüssigkeit vertrieben ist, wobei die Schale mit einer Tiegelzange oder, beim Eindampfen saurer Lösungen, mit Gummischutzstücken[1] festgehalten wird.

14. Aufzeichnung der Analysenergebnisse

Über die Ergebnisse der Analyse führe man kurz, aber genau Protokoll: Es ist eine Liste anzulegen, welche sämtliche Anionen, Kationen und elementaren Stoffe jeweils in der Reihenfolge enthält, in der auf sie geprüft wird. In diese Liste trage man bei positivem Ausfall bei den einzelnen Symbolen je nach der Stärke der Reaktion ein, zwei oder drei +-Zeichen ein, während bei negativem Ausfall einer Reaktion das Zeichen „0" eingefügt wird[2]. Außerdem sind besondere Beobachtungen, wie Farbe, Geruch, Veränderungen beim Erhitzen, Flammenfärbung u. dgl. zu vermerken. Ist die Analyse richtig ausgeführt, so muß es möglich sein, die betreffenden Erscheinungen am Schluß der Analyse an Hand der gefundenen Bestandteile zu erklären.

Für die Erfordernisse des Praktikums ist es genügend, die gefundenen *Anionen* und *Kationen* sowie gegebenenfalls *Stoffe im elementaren Zustand* ihrer Art nach anzugeben. Für praktische Zwecke, oder falls nachfolgend eine quantitative Analyse mit der Substanz durchgeführt werden soll, kann es dagegen wünschenswert sein, auch Angaben über die ungefähren Mengenverhältnisse (Haupt- und Nebenbestandteile), über die Bindungsweise und die Wertigkeit der gefundenen Bestandteile zu machen. Bei Übungsanalysen ist es unzulässig, sehr geringfügige Mengen von Stoffen, die als Verunreinigungen weit verbreitet sind, wie *Eisen, Natrium, Calcium, Chlorid,* als „Spuren" anzugeben.

---

[1] Selbst herzustellen, indem 3 cm lange Gummischlauchstücke der Länge nach aufgeschnitten werden.

[2] Durch ein —-Zeichen wird zum Ausdruck gebracht, daß auf das betreffende Ion nicht geprüft wurde.

Analysengang

Liste der zu berücksichtigenden Bestandteile

Der nachfolgend beschriebene Analysengang erstreckt sich auf den Nachweis folgender Bestandteile (aufgeführt in der Reihenfolge ihres Nachweises).

A. Anionen

1. Cyanid . . . . CN^-
2. Fluorid . . . . F^-, $[SiF_6]^{2-}$
3. Carbonat . . . CO_3^{2-}
4. Peroxid . . . O_2^{2-}
5. Phosphat . . . PO_4^{3-}
6. Acetat . . . . $CH_3 \cdot COO^-$
7. Borat . . . . BO_2^- (BO_3^{3-}, $B_4O_7^{2-}$)
8. Silicat . . . . SiO_3^{2-} u. andere Silicate, $[SiF_6]^{2-}$
9. Sulfid . . . . S^{2-} u. Polysulfide
10. Hypochlorit . . ClO^-
11. Perchlorat . . ClO_4^-
12. Tartrat . . . . $C_4H_4O_6^{2-}$
13. Oxalat . . . . $(COO)_2^{2-}$
14. Permanganat . MnO_4^-
15. Chromat . . . CrO_4^{2-} ($Cr_2O_7^{2-}$)
16. Cyanoferrat(II) $[Fe(CN)_6]^{4-}$
17. Cyanoferrat(III) $[Fe(CN)_6]^{3-}$
18. Thiocyanat . . SCN^-
19. Jodid . . . . J^-
20. Bromid . . . . Br^-
21. Chlorid . . . . Cl^-
22. Chlorat . . . . ClO_3^-
23. Sulfit . . . . SO_3^{2-}
24. Thiosulfat . . $S_2O_3^{2-}$
25. Sulfat . . . . SO_4^{2-}
26. Nitrit . . . . NO_2^-
27. Nitrat . . . . NO_3^-

B. Kationen

1. Ammonium . . NH_4^+
2. Arsen . . . . As^{3+}
3. Zinn . . . . . Sn^{2+} (Sn^{4+})
4. Antimon . . . Sb^{3+}
5. Kupfer . . . . Cu^{2+} (Cu^+)
6. Quecksilber . Hg^{2+}, Hg_2^{2+}
7. Blei . . . . . Pb^{2+} (Pb^{4+})
8. Wismut . . . Bi^{3+}
9. Cadmium . . . Cd^{2+}
10. Eisen . . . . Fe^{2+}, Fe^{3+}
11. Chrom . . . . Cr^{3+}
12. Aluminium . . Al^{3+}
13. Kobalt . . . . Co^{2+} (Co^{3+})
14. Nickel . . . . Ni^{2+} (Ni^{3+})
15. Mangan . . . Mn^{2+} (Mn^{3+})
16. Zink . . . . . Zn^{2+}
17. Barium . . . . Ba^{2+}
18. Strontium . . Sr^{2+}
19. Calcium Ca^{2+}
20. Magnesium . . Mg^{2+}
21. Lithium . . . Li^+
22. Kalium . . . . K^+
23. Natrium . . . Na^+
24. Silber . . . . Ag^+

C. Stoffe in elementarem Zustand

(Nachweis an getrennten Stellen des Analysenganges)

1. Phosphor . . . . . P
2. Schwefel . . . . . S
3. Kohlenstoff C

A. Reaktionen aus der Substanz

Die Reaktionen aus der Substanz dienen einmal dem Zweck, **allgemeine Hinweise** auf die An- oder Abwesenheit bestimmter Stoffe zu geben. Die Ergebnisse dieser sog. „Vorproben" bedürfen noch der Bestätigung im Gang der Analyse.

Andere Reaktionen, die in diesem Abschnitt beschrieben sind, dienen dem **Einzelnachweis** bestimmter Bestandteile, auf die im eigentlichen Analysengang nicht mehr geprüft werden kann (Ausnahme: *Cyanid*, auf das auch noch an späterer Stelle geprüft werden muß).

1. Prüfung auf Cyanid

Hinweis: Diese Prüfung muß grundsätzlich als erstes durchgeführt werden. Bei Anwesenheit von Cyanid sind bei der Analyse entsprechende Schutzvorkehrungen zu treffen.

Etwas Substanz wird in einem Erlenmeyerkolben von 25 ml Fassungsvermögen mit verdünnter Salzsäure übergossen. In das Reaktionsgefäß wird ein Filtrierpapierstreifen eingehängt[1], der mit einem Gemisch gleicher Teile Benzidinlösung und Kupfer(II)-acetatlösung[2] getränkt ist. Man überläßt die angesetzte Probe — ohne zu erwärmen — einige Minuten sich selbst. Eine deutliche Blaufärbung (Benzidinblau) zeigt die Anwesenheit von *Cyanid* an (*sehr empfindlich*).

Störung

Thiocyanat *(schwache Blaufärbung). — Unterscheidung: Die mit Thiocyanat eintretende Blaufärbung ist wesentlich schwächer als bei Anwesenheit von Cyanid. Sind größere Mengen Thiocyanat anwesend, so ist eine positive Reaktion für Cyanid nicht beweisend. In diesem Fall verfährt man wie folgt. Man stellt eine wäßrige Lösung bzw. Aufschwemmung der Substanz her und bringt sie nötigenfalls mit Natronlauge oder Essigsäure auf neutrale Reaktion. Hierauf fügt man eine Messerspitze Natrium-hydrogencarbonat zu und führt die Reaktion, wie angegeben, durch. Bei Anwesenheit von Cyanid entsteht eine Blaufärbung, während Thiocyanat unter diesen Bedingungen nicht flüchtig ist und daher nicht reagiert.*

Anmerkung. Eine weitere Reaktion auf *Cyanid* ist auf S. 42 (Abschnitt 7) beschrieben.

---

[1] Um eine Berührung des Filtrierpapierstreifens mit der Gefäßwandung zu vermeiden, hängt man ihn mittels eines Streichholzes in das Gefäß.

[2] Zur *Herstellung der Reagenslösung* vermischt man kurz vor Gebrauch gleiche Teile einer 1%igen äthanolischen *Benzidinlösung* und einer 0,3%igen wäßrigen *Kupfer(II)-acetatlösung*. — Tritt beim Vermischen eine Trübung auf, so ist die Benzidinlösung zu erneuern.

2. Trockenes Erhitzen

Etwas Substanz wird im Reagensglas bei waagerechter Haltung vorsichtig erhitzt. Es können folgende Erscheinungen[1] eintreten:

1. Bildung von Sublimaten

Weißes Sublimat bei Anwesenheit von Ammoniumsalzen, Quecksilberverbindungen (z. B. $HgCl_2$), Arsenverbindungen (z. B. As_2O_3), Antimonverbindungen (z. B. Sb_2O_3),

gelbes Sublimat bei Anwesenheit von elementarem Schwefel, Thiosulfat, Thiocyanat, Sulfid (z. B. Na_2S_5), Arsensulfiden, Quecksilber(II)-jodid,

gelb-rotes Sublimat und Geruch nach Phosphor bei Anwesenheit von elementarem Phosphor (gleichzeitig *fahle Flamme* und *weißlich-gelber Rauch*),

rot-braunes Sublimat bei Anwesenheit von Antimonsulfiden,

graues oder schwarzes Sublimat bei Anwesenheit von Arsen-, Antimon- und Quecksilberverbindungen, Jodiden, elementarem Jod.

2. Verfärbung der Substanz

Gelbfärbung bei Anwesenheit von Bleiverbindungen (z. B. $PbCO_3$), Wismutverbindungen (z. B. $BiONO_3$),

Gelbfärbung in der Hitze (beim Erkalten *weiß*) bei Anwesenheit von Zinkverbindungen (z. B. ZnO), Antimonverbindungen (z. B. Sb_2O_4), Zinnverbindungen (z. B. SnO_2),

braungefärbte Schmelze bei Anwesenheit von Sulfid, Sulfit, Thiosulfat,

Rot-braunfärbung in der Hitze (beim Erkalten *gelblich* oder *gelb*) bei Anwesenheit von Blei(II)-oxid, Wismutoxid, Cadmiumsulfid, Chromaten (z. B. K_2CrO_4),

Grünfärbung bei Anwesenheit von Chromverbindungen [z. B. CrO_3, $(NH_4)_2CrO_4$],

Schwarzfärbung bei Anwesenheit von Schwermetallsalzen [z. B. $Co(NO_3)_2$, $CuSO_4$], Antimon(III)-sulfid, Cyanoferrat(II), Cyanoferrat(III), Permanganat,

Schwarzfärbung und Geruch nach brenzligen Dämpfen bei Anwesenheit von Acetat, Tartrat,

Schwarzfärbung in der Hitze (beim Erkalten *rot-braun*) bei Anwesenheit von Eisenverbindungen (z. B. Fe_2O_3).

3. Entwicklung von Gasen

Geruch nach Ammoniak bei Anwesenheit von Ammoniumsalzen [z. B. $(NH_4)_2CO_3$, $NaNH_4HPO_4$], Cyanoferrat(II), Cyanoferrat(III),

[1] Neben den angeführten Erscheinungen, die für die genannten Stoffe kennzeichnend sind, können auch andere Vorgänge stattfinden, wie z. B. Entwicklung von Sauerstoff, Kohlendioxid, Wasserdampf, die analytisch jedoch nicht ohne weiteres ausgewertet werden können. Eine Beschreibung derartiger unspezifischer Erscheinungen ist daher an dieser Stelle und auch auf S. 17, Abschnitt 4, grundsätzlich unterblieben.

Geruch nach Essigsäure oder Aceton bei Anwesenheit von Acetat,

Geruch nach Schwefelwasserstoff bei Anwesenheit von Sulfid, Sulfit, Thiosulfat,

Geruch nach Schwefeldioxid bei Anwesenheit von Sulfat [z. B. $(NH_4)_2SO_4$], Hydrogensulfiten (z. B. $NaHSO_3$),

Geruch nach Schwefeltrioxid bei Anwesenheit von Hydrogensulfaten (z. B. $KHSO_4$),

Geruch nach Siliciumtetrafluorid bei Anwesenheit von Fluorosilicat,

Geruch nach Fluorwasserstoff bei Anwesenheit von Hydrogenfluoriden,

Geruch nach Chlorwasserstoff bei Anwesenheit von Chlorid (z. B. $FeCl_3 \cdot 6\,H_2O$, $MgCl_2 \cdot 6\,H_2O$, $KCl + KHSO_4$),

Geruch nach Chlor bei Anwesenheit von Chlorid (z. B. KCl + oxydierende Stoffe) (selten),

Geruch nach Brom und gelb-braune Dämpfe bei Anwesenheit von Bromid (z. B. KBr + oxydierende Stoffe),

Geruch nach Jod und violette Dämpfe bei Anwesenheit von Jodid (z. B. KJ + oxydierende Stoffe),

Geruch nach nitrosen Gasen und braune Dämpfe bei Anwesenheit von Nitrit, Nitrat [z. B. $Co(NO_3)_2$, $Pb(NO_3)_2$],

Geruch nach Cyanwasserstoff bei Anwesenheit von Cyanid,

knoblauchähnlicher Geruch bei Anwesenheit von elementarem Phosphor, Arsenverbindungen (z. B. As_2O_3 + reduzierende Stoffe),

Geruch nach Kakodyloxid bei gleichzeitiger Anwesenheit von Arsenverbindungen (z. B. As_2O_3) und Acetat.

Bezüglich der ***Auswertung der Reaktionen*** ist bei der vorliegenden Prüfung sowie bei den auf S. 17, Abschnitt 4, beschriebenen Reaktionen zu beachten, daß das Auftreten der genannten Erscheinungen für die Anwesenheit der angegebenen Stoffe beweisend ist. Jedoch ist eine weitere Bestätigung des Befundes durch eine an späterer Stelle angegebene spezifische Reaktion notwendig. — Tritt dagegen eine Erscheinung nicht auf, so darf nicht auf die Abwesenheit des betreffenden Stoffes, der die Erscheinung an sich zu verursachen vermag, geschlossen werden, da viele der genannten Erscheinungen nur unter bestimmten Umständen eintreten können, nicht aber eintreten müssen.

3. Flammenfärbung

An einem gründlich ausgeglühten Platindraht oder einem Magnesiastäbchen wird etwas Substanz seitlich in die nicht leuchtende Flamme des Bunsenbrenners gebracht. Man beobachtet die Flammenfärbung vor einem dunklen Hintergrund und benetzt nach Verringerung der Farbintensität mit verdünnter

Salzsäure (Uhrglas). Es können folgende Flammenfärbungen auftreten:

Gelb, lange anhaltend bei Anwesenheit von Natrium,

Blau-violett (neben der Natriumflamme durch ein Kobaltglas erkennbar) bei Anwesenheit von Kalium,

Ziegelrot bei Anwesenheit von Calcium,

Karminrot bei Anwesenheit von Strontium und Lithium,

Hellgrün bei Anwesenheit von Barium,

Grün bei Anwesenheit von Kupfer [z. B. $Cu(NO_3)_2$], Borsäure, Borat,

Blau, später Blau-grün bei Anwesenheit von Kupfer (z. B. $CuCl_2$),

Fahlblau (uncharakteristisch) bei Anwesenheit von Blei, Arsen, Antimon, Zinn, Quecksilber.

In Mischungen, die Natriumsalze enthalten, überwiegt meist die *Natriumflamme*, so daß andere Flammenfärbungen dadurch verdeckt werden können. Die Flammenfärbung dient an dieser Stelle nur als orientierende Vorprobe. Man hüte sich, Bestandteile lediglich auf Grund der Flammenfärbung anzugeben.

4. Prüfung mit konzentrierter Schwefelsäure; zugleich Prüfung auf Fluorid

Hinweis: Diese Reaktion darf erst ausgeführt werden, wenn man sich nach S. 49, Abschnitt 12, vergewissert hat, daß *Chlorat* abwesend ist, da dieses zu **Explosionen** Anlaß geben könnte. Man stelle daher die Prüfung so lange zurück oder führe die Reaktion im Sodaauszug auf Chlorat vorab schon an dieser Stelle des Analysenganges aus. Ist Chlorat anwesend, so ist zum Nachweis des Fluorids nach **Störung 1** zu verfahren.

Etwas Substanz wird in einem trockenen Reagensglas mit konz. Schwefelsäure übergossen und nach Beendigung der Gasentwicklung oder bei deren Ausbleiben sofort erhitzt.

Bei Anwesenheit von *Fluorid* entstehen charakteristische große Gasblasen von *Fluorwasserstoff*, welche an der Glaswandung langsam öltropfenartig in die Höhe steigen. Die über der Flüssigkeit befindliche Glaswandung erweist sich dann beim Umschütteln als schwer benetzbar.

Bemerkung

Fluorosilicat reagiert wie Fluorid in gleicher Weise mit konz. Schwefelsäure. Eine Entscheidung darüber, ob Fluorid oder Fluorosilicat vorliegt, ist bei Übungsanalysen nicht erforderlich.

Störungen

1. Chlorat *(Bildung von Chlordioxid, das — besonders beim Erhitzen — unter Explosion zerfällt). — Ist Chlorat anwesend, so darf die Reaktion nicht*

ausgeführt werden. Um in diesem Fall Fluorid nachzuweisen, versetzt man die Substanz mit Essigsäure und Calciumchloridlösung im Überschuß, erwärmt zum Sieden, filtriert und wäscht mit heißem Wasser aus. Hierauf wird der Rückstand, der nunmehr frei von Chlorat ist und das Fluorid als Calciumfluorid enthält, vom Filter abgehoben, getrocknet und, wie angegeben, mit konz. Schwefelsäure auf Fluorid geprüft.

*2. **Borat** (größere Mengen von Borat verhindern die Entwicklung der charakteristischen Gasblasen). — Zur Beseitigung der Störung neutralisiert man den Sodaauszug* (vgl. S. 30) *mit verdünnter Essigsäure (Indicatorpapier!) und fällt das Borat-Ion mit Silbernitrat aus. Man filtriert und wäscht mit kaltem Wasser aus. Das Filtrat wird mit Essigsäure angesäuert, mit Calciumnitratlösung im Überschuß versetzt und zum Sieden erwärmt. Man filtriert erneut, wäscht mit heißem Wasser aus und prüft in dem Rückstand, der nunmehr frei von Borat ist, wie oben angegeben, auf Fluorid.*

*3. **Gasentwickelnde Stoffe** (größere Mengen verhindern die Entwicklung der charakteristischen Gasblasen). — Zur Beseitigung der Störung fällt man, wie unter Störung 1 beschrieben, das Fluorid mit Essigsäure und Calciumchloridlösung aus und prüft die Fällung mit konz. Schwefelsäure auf Fluorid.*

Außer der genannten Erscheinung können bei der Reaktion mit konz. Schwefelsäure noch folgende Veränderungen[1] eintreten:

1. Entwicklung von farblosen Gasen

Geruch nach Schwefelwasserstoff bei Anwesenheit von Sulfid,

Geruch nach Schwefeldioxid bei Anwesenheit von Sulfit oder reduzierenden Stoffen (durch Wirkung auf die Schwefelsäure),

Geruch nach Schwefeldioxid und Ausscheidung von Schwefel bei Anwesenheit von Thiosulfat, Thiocyanat,

Geruch nach Schwefeldioxid und Schwarzfärbung bei Anwesenheit von Tartrat,

Geruch nach Chlorwasserstoff bei Anwesenheit von Chlorid,

Geruch nach Essigsäure bei Anwesenheit von Acetat,

Geruch nach Cyanwasserstoff (nur in der Kälte!) bei Anwesenheit von Cyanid, Cyanoferrat(II), Cyanoferrat(III).

2. Entwicklung von gefärbten Gasen

Geruch nach Chlor (grün) bei gleichzeitiger Anwesenheit von Chlorid und oxydierenden Stoffen,

Geruch nach nitrosen Gasen (braun) bei Anwesenheit von Nitrit oder von Nitrat und reduzierenden Stoffen,

Geruch nach Brom (braun) bei Anwesenheit von Bromid,

Geruch nach Jod (violett) bei Anwesenheit von Jodid,

Geruch nach Schwefel(II)-bromid (braun, zugleich ölartige rote Tropfen an der Glaswandung) bei gleichzeitiger Anwesenheit von Bromid einerseits und Thiosulfat, Sulfid, Thiocyanat oder elementarem Schwefel andererseits,

---

[1] Vgl. S. 14, Anm. 1.

Entwicklung von Chromylchlorid (rot-braun) bei gleichzeitiger Anwesenheit von Chromat oder Dichromat und Chlorid,

Entwicklung von Chlordioxid (braun, in der Wärme heftig explodierend; Vorsicht!) bei Anwesenheit von Chlorat,

Entwicklung von Mangan(VII)-oxid Mn_2O_7 (violett, unter Verpuffung rasch zerfallend) bei Anwesenheit von Permanganat.

Bezüglich der ***Auswertung der Reaktionen*** vgl. S. 15.

5. Prüfung auf Carbonat

Etwas Substanz wird im Reagensglas mit verdünnter Schwefelsäure übergossen und dieses sofort mit einem 2fach gebogenen Gasüberleitungsrohr verbunden, dessen Ende in ein zu $^1/_3$ mit Bariumhydroxidlösung angefülltes zweites Reagensglas taucht. Nach Beendigung der Gasentwicklung — oder, falls keine Gasentwicklung erfolgt, unmittelbar anschließend — erhitzt man die Mischung zum beginnenden Sieden. Bei Anwesenheit von *Carbonat* entweicht *Kohlendioxid*, das mit dem Bariumhydroxid eine weiße Fällung von *Bariumcarbonat* bildet.

Störungen

1. Sulfit, Thiosulfat *(Entwicklung von Schwefeldioxid; dadurch Abscheidung von weißem Bariumsulfit). — Zur Vermeidung der Störung versetzt man die Substanz vor Ausführung der Reaktion im Reagensglas mit festem Kaliumpermanganat und etwas Wasser, läßt einige Minuten stehen und führt sodann die Reaktion — wie angegeben — aus. Hierdurch wird das Sulfit und Thiosulfat bzw. das daraus entstehende Schwefeldioxid zu Schwefelsäure oxydiert, während das aus Carbonat gebildete Kohlendioxid, wie oben angegeben, durch Einleiten in Bariumhydroxidlösung nachgewiesen werden kann.*

Das angegebene Verfahren ist jedoch nur anwendbar, wenn organische Stoffe abwesend sind, da diese durch Kaliumpermanganat zu Kohlendioxid oxydiert werden und dadurch Carbonat vortäuschen würden. — Führt man die Reaktion statt mit Schwefelsäure mit Essigsäure bei Gegenwart von festem Natriumacetat aus, so werden Sulfit und Thiosulfat praktisch nicht angegriffen.

Die Beseitigung der durch Thiosulfat bedingten Störung kann auch, wie bei Störung 2 angegeben, durch Schütteln mit Silbersulfat erfolgen.

2. Elementares Jod, Jodid bei gleichzeitiger Anwesenheit oxydierender Stoffe *[Entwicklung von Joddämpfen; dadurch bei längerem Destillieren Abscheidung von weißem Bariumjodat (selten)]. — Ist mit dieser Störung zu rechnen, so versetzt man die Substanz vor Ausführung der Reaktion im Reagensglas mit fein pulverisiertem Silbersulfat und etwas Wasser, schüttelt gründlich durch und führt dann die Reaktion, wie angegeben, aus.*

3. Cyanid *(Entwicklung von Cyanwasserstoff; dadurch Abscheidung von weißem Bariumcyanid). — Zur Vermeidung der Störung behandelt man die Probe vor Ausführung der Reaktion, wie oben (Störung 2) angegeben, mit festem Silbersulfat.*

*4. **Oxalat oder Tartrat bei gleichzeitiger Anwesenheit von oxydierenden Stoffen** (Bildung von Kohlendioxid durch Oxydation). — Die Beseitigung der Störung ist nur durch besondere Maßnahmen (z. B. auf Grund der verschiedenen Löslichkeit) möglich, die für Übungsanalysen nicht in Frage kommen.*

*5. **Fluorid** (Entwicklung von Fluorwasserstoff; dadurch bei längerem Destillieren geringfügige Abscheidung von weißem Bariumfluorid). — Man führt die Reaktion durch Ansäuern mit Essigsäure aus und weist das entweichende Kohlendioxid mit einem mit Barytwasser benetzten Glasstab nach, welcher in das Reagensglas, dicht über die Oberfläche des Reaktionsgemisches, gehalten wird.*

6. Prüfung auf Peroxid

a) *Titanylsulfatreaktion.* Die frisch hergestellte Lösung oder Aufschwemmung der Substanz in kalter verdünnter Salzsäure wird mit Titanylsulfatlösung versetzt. Gelbfärbung zeigt *Peroxid* an.

Störungen

*1. **Barium, Strontium, Blei** (Bildung von unlöslichen Sulfaten; hierdurch bisweilen schlechtere Erkennbarkeit der durch Peroxid hervorgerufenen Gelbfärbung). — In Zweifelsfällen wird die Lösung filtriert. Die Gelbfärbung ist sodann im Filtrat deutlich erkennbar.*

*2. **Dunkel gefärbte Stoffe** (Erschwerung der Erkennbarkeit der durch Peroxid hervorgerufenen Gelbfärbung). — Zur Vermeidung der Störung ist die mit Salzsäure hergestellte Lösung der Substanz vor Ausführung der Reaktion zu filtrieren. Ist auch die saure Lösung stark gefärbt, so ist die Titanylsulfatreaktion nicht ausführbar. Bei geringfügiger Färbung der sauren Lösung läßt sich die Reaktion in der Weise ausführen, daß man die Hälfte der Lösung in einem zweiten Reagensglas zum Farbvergleich verwendet und hierzu an Stelle der Reagenslösung die gleiche Menge Wasser gibt.*

*3. **Fluorid** (Verhinderung der durch Peroxid bedingten Gelbfärbung). — Zur Vermeidung der Störung fügt man verdünnte Wasserglaslösung hinzu, wodurch die durch Peroxid bedingte Gelbfärbung wieder in Erscheinung tritt. Eine bisweilen gleichzeitig eintretende Abscheidung von gallertiger Kieselsäure stört die Erkennbarkeit der Gelbfärbung nicht.*

*4. **Katalytisch wirkende und andere Peroxid zersetzende Stoffe,** z. B. MnO_2, KJ, $KMnO_4$ (rasche Zersetzung des Peroxids). — Der Nachweis des Peroxids läßt sich bei Anwesenheit der genannten Stoffe nicht mit Sicherheit durchführen.*

b) *Chromperoxidreaktion.* Die frisch hergestellte Lösung oder Aufschwemmung der Substanz in kalter verdünnter Salzsäure wird mit etwa 1 ml Äther und einigen Tropfen Kaliumchromatlösung versetzt. Bei Anwesenheit von *Peroxid* färbt sich beim Schütteln der Äther durch Bildung von *Chromperoxid* blau.

Bisweilen empfiehlt es sich, die Säure zuletzt zuzugeben und die Mengenverhältnisse der Zusätze bei der Reaktion etwas zu ändern.

Störungen

1. Bromid, Jodid, elementares Jod *(Braunfärbung der Ätherschicht; dadurch Verdeckung der durch Chromperoxid hervorgerufenen Blaufärbung). — Bei Anwesenheit der genannten Bestandteile beschränkt sich der Nachweis des Peroxids auf die Titanylsulfatreaktion, wobei die Abwesenheit von Peroxid durch das Ausbleiben einer Gelbfärbung erwiesen wird, während bei Anwesenheit desselben auch die Titanylsulfatreaktion durch Bildung von elementarem Brom oder Jod gestört werden kann. Ein Beweis für die Anwesenheit von Peroxid kann daher bei Gegenwart von Bromid, Jodid und elementarem Jod durch die angegebenen Reaktionen nicht erbracht werden.*

2. Thiocyanat bei gleichzeitiger Anwesenheit von Eisen(III)-Ion *(Bildung von ätherlöslichem, rotem Eisen(III)-thiocyanat; dadurch Verdeckung der durch Chromperoxid hervorgerufenen Blaufärbung). — Bei Vorliegen dieser Störung ist Peroxid mit einfachen Mitteln nicht nachweisbar.*

3. Katalytisch wirkende und andere Peroxid zersetzende Stoffe, *z. B.* MnO_2, *KJ*, $KMnO_4$ *(rasche Zersetzung des Peroxids). — Der Nachweis des Peroxids läßt sich bei Anwesenheit der genannten Stoffe nicht mit Sicherheit durchführen.*

7. Prüfung auf elementaren Phosphor[1]

Nur auszuführen, wenn sich beim trockenen Erhitzen nach S. 14, Abschnitt 2, Anzeichen für die Anwesenheit von elementarem Phosphor ergeben haben.

Man behandelt etwas Substanz in der Kälte einige Minuten mit verdünnter Salzsäure, filtriert und wäscht zuerst mit heißer verdünnter Salzsäure und dann mit Wasser aus. Der unlösliche Rückstand, der den *elementaren Phosphor* enthält, wird mit konz. Salpetersäure 15 Minuten gekocht, um den Phosphor in *Phosphorsäure* überzuführen. Hierauf wird — nach Verdünnen mit Wasser — filtriert und das Filtrat mit Ammoniummolybdat auf *Phosphat* geprüft. Eine gelbe kristalline Fällung von *Ammonium-molybdatophosphat* zeigt Phosphat an und beweist damit die Anwesenheit von *elementarem Phosphor* in der Substanz.

Störung

Arsensulfide *(Arsensulfide verhalten sich gegenüber Salzsäure ähnlich wie Phosphor und liefern nach Oxydation mit konz. Salpetersäure mit Ammonium-*

[1] Die Untersuchung beschränkt sich auf den Nachweis des *roten Phosphors*. Andere Modifikationen sind nicht berücksichtigt.

molybdat eine gelbe Fällung von Ammonium-molybdatoarsenat). — Zur Beseitigung der Störung dampft man die salpetersaure Lösung mehrmals mit Salzsäure bis fast zur Trockene ein, nimmt den Rückstand mit verdünnter Salzsäure auf und fällt das Arsen mit Schwefelwasserstoff aus. Im Filtrat vertreibt man durch Abrauchen mit konz. Salpetersäure die Hauptmenge der Salzsäure, nimmt den Rückstand mit Wasser auf und prüft mit Ammoniummolybdat auf Phosphat.

8. Prüfung auf Phosphat

Etwas Substanz wird unter Erwärmen in verdünnter Salpetersäure gelöst und die erhaltene Lösung gegebenenfalls von dem verbliebenen Rückstand abfiltriert. Das Filtrat versetzt man mit dem gleichen Volumen Ammoniummolybdatlösung und erwärmt gelinde, ohne die Mischung zum Sieden zu bringen. Eine — bei Anwesenheit geringer Mengen nur langsam auftretende — gelbe kristalline Fällung von *Ammonium-molybdatophosphat* zeigt *Phosphat* an. Ist keine Fällung eingetreten, so überschichte man mit 1—2 Tropfen Ammoniak und schüttle dann so vorsichtig, daß die oberste ammoniakalische Schicht erst allmählich mit der darunter befindlichen salpetersauren Lösung vermischt wird. Tritt auch dann keine Fällung ein, so ist die Abwesenheit von Phosphat erwiesen.

Eine Gelbfärbung der Lösung ohne Fällung sowie eine weißlichgelbe Fällung sind nicht beweisend. Durch Anwesenheit von viel *Chlorid*, *Bromid*, *Jodid*, *Tartrat* und *Oxalat* wird die Reaktion beeinträchtigt.

Störungen

*1. **Cyanoferrat(II)** [Ausfällung von rot-braunem Molybdän-cyanoferrat(II)]. — Beim Erwärmen findet durch die anwesende Salpetersäure Oxydation zu löslichem Molybdän-cyanoferrat(III) statt.*

*2. **Arsenat** (Ausfällung von gelbem Ammonium-molybdatoarsenat). — Ergibt sich bei der späteren Untersuchung der Schwefelwasserstoffgruppe, daß Arsen zugegen ist, so ist im Filtrat von der Schwefelwasserstoffgruppe nach S. 75, Abschnitt b, nochmals auf Phosphat zu prüfen.*

*3. **Zinndioxid, Metazinnsäure [Zinn(IV)-phosphat]** [bei Anwesenheit der genannten Verbindungen kann Phosphat bei der Behandlung mit Salpetersäure unlöslich verbleiben und dadurch — wenn nur geringe Mengen Phosphat vorliegen — dem Nachweis entgehen (selten)]. — Ist mit dieser Störung zu rechnen, so prüft man nach S. 106, Abschnitt c, Bemerkung; im unlöslichen Rückstand auf Phosphat (bei Übungsanalysen im allgemeinen nicht erforderlich).*

*4. **Elementarer Phosphor** (Oxydation zu Phosphorsäure beim Auflösen in heißer Salpetersäure, insbesondere bei gleichzeitiger Anwesenheit oxydierender Stoffe in der Substanz). — Ist elementarer Phosphor zugegen, so löst man die Sub-*

stanz in der Kälte in verdünnter Salpetersäure und verfährt im übrigen wie oben angegeben.

*5. **Reduzierende Stoffe**, z. B. Sulfid (Reduktion des Ammoniummolybdats zu blaugefärbten Verbindungen des vierwertigen Molybdäns; dadurch Verdeckung der Ammonium-molybdatophosphatfällung). — Zur Beseitigung der Störung kocht man die Lösung bis zum Verschwinden der Blaufärbung mit Wasserstoffperoxid.*

9. Prüfung auf Acetat

a) *Hydrogensulfatprobe.* Etwas Substanz wird in einer Reibschale mit der doppelten Menge Kaliumhydrogensulfat verrieben. Essigsäuregeruch zeigt *Acetat* an. Tritt kein Geruch auf, so fügt man 1—2 Tropfen Wasser hinzu und verreibt nochmals.

Störungen

*1. **Chlorid, Hypochlorit, Thiocyanat, Cyanid, Sulfid, Thiosulfat** (Entwicklung stark riechender Gase; dadurch Erschwerung der Erkennbarkeit des Essigsäuregeruches). — Zur Beseitigung der Störung wiederhole man den gleichen Versuch unter vorheriger Zugabe von etwas festem Silbernitrat. Es entstehen die Silbersalze der genannten Anionen, die durch Kaliumhydrogensulfat nicht zersetzt werden.*

*2. **Sulfit, Nitrit** (Entwicklung von Schwefeldioxid bzw. nitrosen Gasen; dadurch Erschwerung der Erkennbarkeit des Essigsäuregeruchs). — Zur Vermeidung der Störung führt man den Versuch nach vorheriger Zugabe von festem Kaliumpermanganat durch. Hierdurch wird das Schwefeldioxid und Nitrit oxydiert, während die Essigsäure nicht angegriffen wird.*

*3. **Fluorid** (Entwicklung von Fluorwasserstoff; dadurch Erschwerung der Erkennbarkeit des Essigsäuregeruchs). — Liegen größere Mengen Fluorid vor, so ist die Hydrogensulfatprobe nicht ausführbar.*

b) *Esterprobe*[1].

Hinweis: Diese Reaktion darf erst ausgeführt werden, wenn man sich nach S. 49, Abschnitt 12, vergewissert hat, daß *Chlorat* abwesend ist. Ist Chlorat anwesend, so darf die Esterprobe nicht ausgeführt werden (vgl. **Störung 3**).

Etwas Substanz wird im Reagensglas mit 1 ml Äthanol (unvergällt!) und ½ ml konz. Schwefelsäure versetzt. Hierauf wird zunächst durch Schütteln sorgfältig durchgemischt und anschließend schwach erwärmt. Ein obstartiger Geruch, hervorgerufen durch *Essigsäureäthylester*, zeigt *Acetat* an.

[1] Probe b ist nur auszuführen, wenn bei Probe a kein eindeutig positives oder eindeutig negatives Ergebnis erhalten wurde.

Störungen

1. Täuschung durch Verwechslung mit dem Geruch von Äthanoldämpfen.

2. Fluorid, Chlorid, Hypochlorit, Bromid, Jodid, Thiocyanat, Cyanid, Sulfid, Sulfit, Thiosulfat, Nitrit *(Entwicklung stark riechender Gase; dadurch Erschwerung der Erkennbarkeit des Essigsäureäthylestergeruchs). — Liegen größere Mengen der genannten Ionen vor, so ist die Esterprobe nicht ausführbar.*

3. Chlorat *(Gefahr der Bildung von explosivem Chlordioxid bei Verflüchtigung des Äthanols; selten). — Bei Anwesenheit von Chlorat darf die Esterprobe nicht ausgeführt werden.*

c) *Kakodyloxidprobe*[1]. Gleiche Mengen Substanz, wasserfreies Natriumcarbonat und Arsen(III)-oxid werden gründlich verrieben (Reibschale) und sodann im Reagensglas trocken erhitzt (*Abzug!*). Widerlicher Geruch, hervorgerufen durch *Kakodyloxid*, zeigt *Acetat* an. Zur Identifizierung des Geruches ist eine Vergleichsprobe unter Verwendung von *wasserfreiem Natriumacetat* an Stelle der Substanz erforderlich.

Störung

Stoffe, welche beim Erhitzen mit Soda riechende Gase oder Dämpfe entwickeln, *z. B. Ammoniumverbindungen (Erschwerung der Erkennbarkeit des Geruches nach Kakodyloxid). — Eine Beseitigung der Störung ist mit einfachen Mitteln nicht möglich.*

10. Prüfung auf Borat

Hinweis: Diese Reaktion darf erst ausgeführt werden, wenn man sich nach S. 49, Abschnitt 12, vergewissert hat, daß *Chlorat* abwesend ist. Ist Chlorat anwesend, so ist nach **Störung 2** zu verfahren.

Man erwärmt in einem Reagensglas[2] etwas Substanz mit 1 ml Methanol und $^1/_2$ ml konz. Schwefelsäure und entzündet die entweichenden Dämpfe. Eine grüne oder grüngesäumte Flamme, hervorgerufen durch *Borsäuremethylester*, zeigt *Borat* an (am besten erkennbar bei kleiner Flamme).

---

[1] Probe c ist nur auszuführen, wenn bei Probe a kein eindeutig positives oder eindeutig negatives Ergebnis erhalten wurde.

[2] Nach dem Einbringen der Substanz ist der Hals des Reagensglases durch Abwischen mit einem Tuch von etwa anhaftenden Substanzteilchen zu befreien, da sonst eine Grünfärbung der Flamme durch *Kupfer-* und *Bariumsalze* hervorgerufen werden kann und dadurch die Anwesenheit von *Borat* vorgetäuscht werden könnte.

Störungen

1. ***Fluorid*** *(Verhinderung der Reaktion). — Eine Beseitigung der Störung ist mit einfachen Mitteln nicht möglich.*

2. ***Chlorat*** *(Gefahr der Bildung von explosivem Chlordioxid bei Verflüchtigung des Methanols; selten). — Bei Anwesenheit von Chlorat darf die Prüfung nicht durchgeführt werden. Um in diesem Fall Borat nachzuweisen, neutralisiert man eine wäßrige Lösung oder Aufschwemmung der Substanz nötigenfalls mit Essigsäure oder Natronlauge (Indicatorpapier), fügt Silbernitratlösung zu und filtriert von der Fällung, die neben ungelösten Anteilen der Substanz das Borat als Silbermetaborat enthält, ab. Nach einmaligem Auswaschen mit kaltem Wasser preßt man die Hauptmenge Flüssigkeit zwischen Filtrierpapier ab und prüft den Rückstand, wie angegeben, auf Borat.*

11. Prüfung auf Silicat

Hinweis: Die Reaktion darf erst ausgeführt werden, wenn man sich nach S. 49, Abschnitt 12, vergewissert hat, daß *Chlorat* abwesend ist. Ist Chlorat anwesend, so verfahre man nach **Störung 3.**

Eine reichliche Messerspitze voll Substanz wird in einem Bleitiegel mit etwa $^1/_5$ der angewandten Substanzmenge Calciumfluorid und 1 ml konz. Schwefelsäure verrührt (hierzu *Magnesiastäbchen* verwenden!). Man bedeckt dann sofort mit einem durchlochten Bleideckel, hält an einem Platindraht[1] einen Tropfen Wasser in die Mitte der Öffnung und erwärmt vorsichtig. Hierbei ist die eben „entleuchtete" Flamme des Bunsenbrenners, deren Höhe etwa 6 cm betragen soll, mit der linken Hand fächelnd zu bewegen, während die rechte Hand zum Ruhighalten des Platindrahtes auf eine Unterlage (Reagensglasgestell oder dgl.) aufgestützt wird. Eine langsam auftretende gallertige Trübung des Wassertropfens, hervorgerufen durch *Kieselsäurehydrat*, zeigt *Silicat* an.

Um sich zu überzeugen, daß die Trübung des Wassertropfens gallertige Beschaffenheit besitzt, bringt man den Wassertropfen nach Beendigung der Reaktion auf den Fingernagel. Hierbei tritt die durch *Kieselsäure* gebildete Trübung als zusammenhängende Masse von schollenförmiger oder halbkugelförmiger Gestalt in Erscheinung, während der Wassertropfen bei Anwesenheit nicht gallertiger Abscheidungen auseinanderfließt.

---

[1] Der Platindraht wird zu einem Haken (nicht Öse) umgebogen und vor dem Aufbringen des Wassertropfens geglüht.

Bemerkungen

1. Bei positivem Ausfall der Reaktion auf Fluorid nach S. 16, Abschnitt 4, empfiehlt es sich, bei der Prüfung auf Silicat kein Calciumfluorid hinzuzufügen, da das bereits anwesende Fluorid zur Bildung des Siliciumtetrafluorids ausreicht und ein zu großer Überschuß an Fluorid störend wirken kann.

2. Fluorosilicate verhalten sich bei der Bleitiegelprobe ebenso wie Silicate. Eine Entscheidung darüber, ob Fluorid in Mischung mit Silicat oder Fluorosilicat vorliegt, ist bei Übungsanalysen nicht erforderlich.

3. Zum Nachweis der Kieselsäure in Gesteinen und Mineralien (z. B. Quarzsand) ist es erforderlich, das Untersuchungsmaterial vor Ausführung der Reaktion zu einem staubfeinen Pulver zu zerreiben und nur sehr wenig Calciumfluorid zuzusetzen. In manchen natürlichen und technischen Silicaten gelingt der Nachweis des Silicats erst nach der Durchführung eines Aufschlusses.

Störungen

1. **Thiosulfat, Polysulfid, elementarer Schwefel, Quecksilberverbindungen, Jodid** (Bildung flüchtiger Verbindungen, die ebenfalls eine Trübung des Wassertropfens bedingen). — Da die durch die genannten Bestandteile hervorgerufenen Trübungen stets in feiner Verteilung, nicht aber in Form einer gallertigen Abscheidung auftreten, ist eine Verwechslung im allgemeinen nicht möglich.

2. **Carbonat, Peroxid, Acetat, Tartrat, Oxalat, Cyanid, Thiocyanat, Cyanoferrat(II), Cyanoferrat(III), Chlorid, Bromid, Jodid, Hypochlorit, Sulfid, Sulfit, Thiosulfat, Nitrit, Nitrat** (Schaumbildung infolge Entwicklung von Gasen oder Dämpfen beim Erwärmen mit konz. Schwefelsäure). — Die Störung wird beseitigt, indem man, falls Fluorid in der Substanz nicht zugegen ist, zunächst die Substanz allein (ohne Calciumfluorid) im Bleitiegel mit konz. Schwefelsäure bis zur völligen Beendigung der Gasentwicklung (bei Anwesenheit von Jodid bis zum Verschwinden der Joddämpfe) erwärmt. Man kühlt hierauf die Mischung durch Einstellen des Tiegels in kaltes Wasser ab, fügt dann Calciumfluorid hinzu, mischt gründlich durch und prüft schließlich, wie angegeben, auf Silicat.

Ist Fluorid in der Substanz zugegen, so ist Silicat bei Anwesenheit der obengenannten störenden Ionen an dieser Stelle nicht mit Sicherheit nachweisbar. Man prüft dann in dem in Salzsäure und Königswasser unlöslichen Rückstand und in der nach S. 80, Abschnitt c, mit Ammoniak erhaltenen getrockneten Fällung, welche Aluminiumhydroxid und Kieselsäurehydrat enthält, auf Silicat.

3. **Chlorat** (Gefahr einer Explosion). — Bei Anwesenheit von Chlorat darf die Prüfung auf Silicat in der Substanz nicht ausgeführt werden. Man prüft in diesem Fall in dem in Salzsäure und Königswasser unlöslichen Rückstand und in der nach S. 80, Abschnitt c, mit Ammoniak erhaltenen getrockneten Fällung, welche Aluminiumhydroxid und Kieselsäurehydrat enthält, auf Silicat.

4. **Borat** in größeren Mengen (Verhinderung der Bildung von Siliciumtetrafluorid). — Man prüft in dem in Salzsäure und Königswasser unlöslichen Rückstand und in der nach S. 80, Abschnitt c, mit Ammoniak erhaltenen getrockneten Fällung auf Silicat.

12. Prüfung auf elementaren Schwefel[1]

Nur auszuführen, wenn beim trockenen Erhitzen nach S. 14, Abschnitt 2, ein gelbes oder braunes Sublimat erhalten wurde.

Etwas Substanz wird in einer Reibschale mit 2—3 ml Kohlendisulfid gründlich verrieben (*Vorsicht, Feuergefahr!*[2]). Sodann filtriert man durch ein trockenes Filter und läßt das Filtrat in einer kleinen Abdampfschale bei gewöhnlicher Temperatur verdunsten[3]. Ein gelber grobkristalliner Rückstand zeigt *elementaren Schwefel* an. — Ist die Substanz feucht oder hygroskopisch, so ist es erforderlich, dieselbe vor der Extraktion mit Kohlendisulfid aufeinanderfolgend mit Äthanol und Äther zu behandeln.

Identifizierung. Der Rückstand verbrennt bei Berührung mit einem heißen Magnesiastäbchen mit blauer Flamme zu *Schwefeldioxid*, erkennbar am Geruch.

Bemerkungen

1. Quecksilber(II)-jodid wird ebenfalls in geringer Menge von Kohlendisulfid aufgenommen und scheidet sich beim Verdunsten in Form kleiner roter Kristalle wieder ab. Eine Verwechslung dieser Kristalle mit Schwefel ist im allgemeinen nicht möglich.

2. Durch den bei der Verdunstung des Kohlendisulfids eintretenden Wärmeentzug scheiden sich infolge Kondensation der Luftfeuchtigkeit häufig Eiskristalle als Rückstand ab. Eine Störung wird dadurch nicht bedingt.

Störung

***Verunreinigungen des Kohlendisulfids** (Vortäuschung von Schwefel). — Man prüfe das zu verwendende Kohlendisulfid auf Reinheit, indem man 5—10 ml, wie oben angegeben, verdunsten läßt. Hierbei darf kein Rückstand verbleiben.*

13. Prüfung auf Sulfid

a) *Reaktion mit Salzsäure.* Etwas Substanz wird im Reagensglas mit etwa 25%iger Salzsäure übergossen, das Reagensglas

---

[1] Die Untersuchung beschränkt sich auf den Nachweis des *kristallinen*, in *Kohlendisulfid* löslichen Schwefels. Amorpher Schwefel ist nicht berücksichtigt.

[2] Beim *Arbeiten mit Kohlendisulfid* hat man dafür Sorge zu tragen, daß in der Nähe alle Flammen ausgelöscht und heiße Metallteile nicht vorhanden sind. Entzündungstemperatur des Kohlendisulfids 102° C!

[3] Die *Verdunstung von Kohlendisulfid* wird bei *gewöhnlicher Temperatur* (evtl. Handwärme) oder über einem Zentralheizungskörper ausgeführt.

sofort mit einem Streifen Bleiacetatpapier überdeckt[1] und die Mischung sodann langsam erhitzt. Entwicklung von *Schwefelwasserstoff*, der dem Bleiacetatpapier eine gelbe bis braune Färbung (bei großen Mengen Schwarzfärbung) und gleichzeitig einen metallischen Glanz erteilt, zeigt *Sulfid* an.

Störungen

*1. **Thiocyanat** (Entwicklung von Kohlenoxidsulfid COS durch hydrolytische Spaltung der Thiocyansäure, welches ebenfalls mit Bleiacetat reagiert). — Eine Beseitigung der Störung ist in den meisten Fällen nach folgendem Verfahren möglich: Man koche etwas Substanz etwa 5—10 min mit Sodalösung und filtriere von den ungelöst verbliebenen Anteilen ab. Das erhaltene Filtrat versetze man mit Natrium-cyanonitrosylferrat. Eine blau-violette Färbung zeigt Sulfid an. Bei negativem Ausfall der Reaktion prüfe man auch den Filterrückstand wie angegeben mit Salzsäure und Bleiacetatpapier auf Sulfid. Ein positiver Ausfall der Reaktion ist jetzt beweisend für Sulfid (bei Anwesenheit schwer löslicher Thiocyanate ist eine positive Reaktion im Filterrückstand jedoch nicht beweisend).*

*2. **Schwer lösliche Sulfide**, z. B. As_2S_3, HgS (schwer lösliche Sulfide werden von Salzsäure nicht angegriffen und entwickeln folglich keinen Schwefelwasserstoff). — Der Nachweis erfolgt in diesem Fall durch Reaktion b und c (unten) mit Schwefelsäure und Zink sowie mit Jod und Natriumazid.*

b) *Reaktion mit Schwefelsäure und Zink auf schwer lösliche Sulfide*[2]. Etwas Substanz wird im Reagensglas mit der gleichen Menge Zink (Späne oder Stangenzink) versetzt und nach Zugabe von verdünnter Schwefelsäure gelinde erwärmt. Bei Anwesenheit von *Sulfid* entsteht *Schwefelwasserstoff*, der wie bei Reaktion a mit Bleiacetatpapier nachgewiesen wird.

Störungen

*1. **Sulfit, Thiosulfat, Thiocyanat** (Entwicklung von Schwefelwasserstoff mit Schwefelsäure und Zink). — Zur Beseitigung der Störung kocht man die Substanz zunächst mit Wasser, filtriert und digeriert den Rückstand dann noch kurze Zeit mit kalter Essigsäure, wodurch die genannten störenden Ionen in Lösung gehen. Im verbliebenen Rückstand wird sodann Sulfid, wie angegeben, mit Schwefelsäure und Zink nachgewiesen. — Liegt gleichzeitig Silber vor oder enthält die Substanz schwer lösliche Thiocyanate, so ist das angegebene Verfahren nicht anwendbar.*

---

[1] Das *Bleiacetatpapier* stellt man her, indem man einen Streifen Filtrierpapier von der Breite eines Reagensglases mit Blei(II)-acetatlösung tränkt. Man läßt abtropfen und klemmt das feuchte Bleiacetatpapier sodann mit dem Reagensglashalter über dem Reagensglas fest.

[2] Probe b ist nur auszuführen, wenn bei Probe a kein eindeutig positives Ergebnis erhalten wurde.

2. ***Elementarer Schwefel*** *(Entwicklung von Schwefelwasserstoff mit Schwefelsäure und Zink). — Zur Beseitigung der Störung wird die zu untersuchende Substanzprobe in einer Reibschale mit Kohlendisulfid gründlich verrieben (Vorsicht, Feuergefahr!), dann durch ein trockenes Filter filtriert, mehrmals mit Kohlendisulfid ausgewaschen und schließlich zur Entfernung der letzten Reste Kohlendisulfid mit Äther nachgewaschen. Mit dem Rückstand wird sodann die Prüfung auf Sulfid mit Schwefelsäure und Zink, wie angegeben, durchgeführt. — Ist die Substanz feucht oder hygroskopisch, so ist es erforderlich, dieselbe vor der Extraktion mit Kohlendisulfid aufeinanderfolgend mit Äthanol und Äther zu behandeln.*

c) Jod-Azid-Reaktion. Zu einer Mischung aus gleichen Teilen Jod-Kaliumjodid- und Natriumazidlösung gebe man einige Körnchen Substanz. Entfärbung der Lösung unter gleichzeitiger Gasentwicklung zeigt *Sulfid* an (auch schwer lösliche Sulfide geben die Reaktion).

Störung

Thiocyanat, Thiosulfat *(diese wirken ebenfalls katalytisch und geben daher die gleiche Reaktion). — Bei Anwesenheit von Thiocyanat und Thiosulfat beschränkt sich der Nachweis auf Reaktion a und b.*

14. Prüfung auf Hypochlorit

Etwas Substanz wird im Reagensglas mit Sodalösung versetzt und einige Minuten unter wiederholtem Schütteln *in der Kälte* stehen gelassen[1]. Hierauf wird filtriert und das Filtrat — ohne vorher anzusäuern — tropfenweise mit Indigocarminlösung versetzt. Eine Entfärbung oder Gelbfärbung der Lösung, hervorgerufen durch *Oxydation des Indigocarmins,* zeigt *Hypochlorit* an.

Störungen

1. ***Alkalihydroxide*** *(es tritt ebenfalls Entfärbung des Indigocarmins ein). — Zur Vermeidung der Störung wird die alkalische Lösung mit Essigsäure neutralisiert und darauf sofort wieder mit Sodalösung alkalisch gemacht. In der erhaltenen Lösung weist man Hypochlorit, wie angegeben, nach.*

2. ***Cyanoferrat(III), Sulfid, Peroxid*** *(es tritt ebenfalls Entfärbung des Indigocarmins ein). — Bei Anwesenheit der genannten Ionen ist Hypochlorit durch die angegebene Reaktion nicht nachweisbar.*

15. Prüfung auf Perchlorat

Etwas Substanz wird in einem Schmelztiegel kräftig geglüht (5—10 Minuten) (Vorsicht beim Erhitzen!). Nach dem Er-

[1] Die *Prüfung auf Hypochlorit* kann nicht mit Sicherheit im Sodaauszug durchgeführt werden, da Hypochlorit beim *Kochen* mit Soda allmählich zersetzt wird.

kalten löst man den Glührückstand in verdünnter Salpetersäure, filtriert und versetzt mit Silbernitratlösung. Eine weiße Fällung von *Silberchlorid* zeigt *Perchlorat* an.

Störungen

*1. **Chlorid, Bromid, Jodid, Thiocyanat, Cyanid, Cyanoferrat(II), Cyanoferrat(III), Thiosulfat, Sulfid** (Bildung von Niederschlägen mit Silbernitrat). — Zur Beseitigung der Störung wird die Substanz mit verdünnter Salpetersäure erwärmt und sodann — ohne zu filtrieren — mit überschüssiger Silbernitratlösung versetzt. Man filtriert, macht mit Sodalösung alkalisch, filtriert nochmals, verdampft das Filtrat in einem Schmelztiegel zur Trockene, glüht wie oben angegeben und prüft die salpetersaure Lösung des erkalteten Rückstandes auf Anwesenheit von Chlorid.*

*2. **Chlorat und Hypochlorit** (Bildung von Chlorid beim Glühen). — Die Substanz wird mit verdünnter Schwefelsäure versetzt (saure Reaktion) und sodann mit festem Natriumsulfit oder etwa 5 ml schwefliger Säure mäßig erwärmt. Nach etwa 2 Minuten wird bis zum Verschwinden des Schwefeldioxidgeruchs gekocht und mit überschüssiger Silbernitratlösung versetzt. Man filtriert, macht mit Sodalösung alkalisch und filtriert nochmals. Das Filtrat wird, wie oben angegeben, zur Trockene verdampft und geglüht. Den Glührückstand löst man nach dem Erkalten in verdünnter Salpetersäure und prüft mit Silbernitratlösung auf Chlorid. — Die unter Störung 1 angegebenen Ionen werden bei diesem Verfahren ebenfalls mit entfernt.*

Anmerkung. Eine weitere Reaktion auf *Perchlorat* ist auf S. 49 (Abschnitt 13) beschrieben.

16. Prüfung auf Ammonium

Etwas Substanz wird in einer Reibschale mit der doppelten Menge festen Calciumhydroxids und wenigen Tropfen Wasser zu einem dicken Brei verrieben. Bei Anwesenheit von *Ammoniumverbindungen* tritt Geruch nach *Ammoniak* auf.

Bemerkung

Folgende zwei Reaktionen aus der Substanz sind im Zusammenhang mit den im Sodaauszug auszuführenden Prüfungen beschrieben:

a) Prüfung auf Tartrat mit Kupfer(II)-sulfat; vgl. S. 38, Abschnitt 1b,

b) Prüfung auf Chlorid durch die Chromylchloridreaktion; vgl. S. 47, Abschnitt 11b.

B. Prüfung des Sodaauszugs auf Säuren (Anionen)

Man kocht etwa 1 g Substanz in einer Abdampfschale 10 min lang mit 20—30 ml Sodalösung, wobei die verdampfende Flüssigkeit durch Wasser ersetzt werden muß, und filtriert sodann vom Ungelösten ab. Das Filtrat, welches in einem kleinen Erlenmeyerkolben aufgefangen wird, ist mit Wasser auf das doppelte Volumen zu verdünnen[1]. Die erhaltene Lösung („*Sodaauszug*") enthält die meisten *Anionen als Natriumsalze* und wird zur Prüfung auf die noch nicht nachgewiesenen Anionen verwendet.

Für die einzelnen Reaktionen verwendet man jeweils 1—2 ml des Sodaauszugs, der mit der vorgeschriebenen Säure angesäuert wird (im folgenden kurz als „*salzsaurer*", „*schwefelsaurer*" usw. „*Sodaauszug*" bezeichnet).

Der Sodaauszug kann gefärbt sein:

Violett bei Anwesenheit von Permanganat,
Rosa bei Anwesenheit von komplexen Kobaltverbindungen,
Grün oder Violett bei Anwesenheit von komplexen Verbindungen des Chroms,
Gelb-grün bei Anwesenheit von Cyanoferrat(II) oder Cyanoferrat(III),
Gelb bei Anwesenheit von Chromat,
Blau bei Anwesenheit von komplexen Kupferverbindungen,
Schwärzlich bei Anwesenheit von Silberverbindungen.

Störungen

1. Elementarer Schwefel *(Bildung von Sulfit und Thiosulfat; dadurch Vortäuschung dieser Ionen bei der späteren Prüfung hierauf und Schwefelausscheidung beim Ansäuern des Sodaauszugs). — Die zur Herstellung des Sodaauszugs dienende Probe wird zunächst in einer Reibschale oder Porzellanschale durch wiederholtes Verreiben mit Kohlendisulfid in kleinen Anteilen (Vorsicht, Feuergefahr! Vgl. S. 26, Fußnote 2) vom Schwefel befreit, vorsichtig getrocknet und dann, wie oben angegeben, weiterverarbeitet. Die Beseitigung des*

[1] Beim *Arbeiten mit dem unverdünnten Sodaauszug* tritt beim Ansäuern durch das entweichende *Kohlendioxid* leicht ein Übersprudeln der Flüssigkeit und dadurch eine Benetzung der äußeren Wandung des Reagensglases ein. Bei sehr vorsichtigem Ansäuern kann man jedoch auch mit dem unverdünnten Sodaauszug arbeiten.

elementaren Schwefels braucht nur vorgenommen zu werden, wenn die Schwefelausscheidung beim Ansäuern des Sodaauszugs wirklich störend wirkt oder wenn Sulfit und Thiosulfat im „gewöhnlichen" Sodaauszug (also ohne vorherige Entfernung des Schwefels) nachweisbar sind. Sie kann gegebenenfalls auch in einer kleinen Sonderprobe lediglich zur Prüfung auf Sulfit- und Thiosulfat-Ion erfolgen.

2. *Oxalat, Tartrat, bei gleichzeitiger Anwesenheit von Schwermetallverbindungen,* *z. B. Eisen-, Chromsalze [Bildung löslicher komplexer Metallverbindungen, die beim Nachweis verschiedener Anionen stören können (selten)]. — Zur Beseitigung der Störung lassen sich keine allgemeingültigen Regeln aufstellen. In vielen Fällen wird es zweckmäßig sein, die Metalle durch Zugabe von farblosem Ammoniumsulfid oder Einleiten von Schwefelwasserstoff auszufällen und im Filtrat den Schwefelwasserstoff nach dem Ansäuern durch Kochen zu vertreiben.*

3. *Permanganat* *(Verdeckung von Reaktionen durch starke Violettfärbung der Lösung. Veränderung oxydierbarer Stoffe beim Ansäuern des Sodaauszugs). — Man entfärbt den Sodaauszug, indem man einige Tropfen Äthanol (Überschuß ist nach Möglichkeit zu vermeiden) hinzugibt, zum Sieden erhitzt und von dem ausgefallenen Mangandioxidhydrat abfiltriert. Ein etwa vorliegender Überschuß an Äthanol ist vor der weiteren Untersuchung durch Kochen der Lösung zu vertreiben. Die Durchführung des Entstörungsverfahrens ist nur in Ausnahmefällen nötig.*

4. *Chromat* *[Verdeckung von Reaktionen durch starke Gelbfärbung bzw. (nach Reduktion) Grünfärbung der Lösung. Veränderung oxydierbarer Stoffe beim Ansäuern des Sodaauszugs. Weitere Störungen vgl. nachfolgend in den einzelnen Abschnitten]. — Besondere Verfahren zur Vermeidung der Störung durch Chromat sind an späterer Stelle beschrieben. Eine vorhergehende Entfärbung des gesamten Sodaauszugs wird nur in Ausnahmefällen erforderlich sein. Sie kann erfolgen, indem man den Sodaauszug je nach dem Zweck der nachfolgenden Prüfung mit Salzsäure, Schwefelsäure oder Salpetersäure ansäuert und mit überschüssigem Wasserstoffperoxid oder Äthanol kocht, bis die Lösung grün gefärbt und der vorhandene Überschuß an Wasserstoffperoxid bzw. Äthanol sicher entfernt ist. Sodann macht man mit Sodalösung wieder alkalisch, erhitzt zum Sieden und filtriert von dem ausgeschiedenen Chrom(III)-hydroxid ab.*

Bemerkung

Es ist zu berücksichtigen, daß durch die genannten Maßnahmen zur Entfärbung des permanganat- oder chromathaltigen Sodaauszuges unter Umständen eine Veränderung oxydierbarer oder reduzierbarer Bestandteile eintreten kann.

Nach der Bereitung und bei der Untersuchung des Sodaauszugs können folgende Erscheinungen eintreten:

1. *Abscheidung eines Niederschlags beim Erkalten und Stehenlassen des Sodaauszugs.* Der Niederschlag kann hervorgerufen sein:

a) Durch *Hydroxide* oder *basische Carbonate amphoterer Metalle* [z. B. $Sn(OH)_2$, $Pb(OH)_2$, $Al(OH)_3$] (weiß). Man filtriert derartige Ausscheidungen vor der weiteren Untersuchung des Sodaauszugs ab.

b) Durch *Kupfer-cyanoferrat(II)* (braun) bei gleichzeitiger Anwesenheit von Kupfer und Cyanoferrat(II). Man filtriert den Niederschlag ab und weist darin nötigenfalls nach S. 41, Abschnitt 5, Störung 3, Cyanoferrat(II) nach.

c) Durch *Kieselsäure* oder *Silicate* (weiß). Man filtriert den Niederschlag vor der weiteren Untersuchung des Sodaauszugs ab.

d) Durch *Kaliumperchlorat* (weiß, kristallin) bei gleichzeitiger Anwesenheit von Kalium und Perchlorat. Der Niederschlag wird vor der Untersuchung des Sodaauszugs abfiltriert und gesondert nach S. 49, Abschnitt 13, auf Perchlorat geprüft.

e) Durch *Nickel(II)-sulfid* (schwarz) bei gleichzeitiger Anwesenheit von Nickel(II)-, Tartrat- und Sulfid-Ion (*allmähliche* Ausscheidung). Man filtriert den Niederschlag vor der weiteren Untersuchung des Sodaauszugs ab.

2. Abscheidung eines Niederschlags beim Ansäuern, der mit einem Überschuß an Säure wieder in Lösung geht. Der Niederschlag kann hervorgerufen sein:

a) Durch *Hydroxide oder basische Carbonate amphoterer Metalle*, insbesondere *Zink, Aluminium, Zinn, Antimon, Blei* (letzteres nicht löslich in Schwefelsäure; vgl. Absatz 3a); sämtliche Niederschläge sind weiß. Da eine Störung dadurch nicht eintritt, brauchen die Niederschläge nicht abfiltriert zu werden.

b) Durch *Zinndisulfid* (gelb) oder *Antimonsulfide* (orangefarben) bei Anwesenheit von Thiosalzen dieser Säuren im Sodaauszug. Die Fällung der Antimonsulfide geht nur mit einem größeren Säureüberschuß wieder in Lösung. Sie ist gegebenenfalls abzufiltrieren.

c) Durch *Silbercarbonat* (gelb).

3. Abscheidung eines Niederschlags beim Ansäuern, der mit einem Überschuß an Säure nicht wieder in Lösung geht. Der Niederschlag kann hervorgerufen sein:

a) Durch *Blei(II)-sulfat* (weiß), wenn das Ansäuern durch Schwefelsäure erfolgt ist. Der Niederschlag wird vor der weiteren Untersuchung abfiltriert.

b) Durch *Acetatohydroxoeisen(III)-hydroxid* (rot-braun), wenn das Ansäuern durch Essigsäure erfolgt ist[1]. Der Niederschlag wird vor der weiteren Untersuchung abfiltriert.

c) Durch *Silberchlorid* (weiß), wenn das Ansäuern durch Salzsäure erfolgt ist[2]. Der Niederschlag wird vor der weiteren Untersuchung abfiltriert.

d) Durch *Cyanoferrate (II)* oder *Cyanoferrate (III)* bei gleichzeitiger Anwesenheit von Kupfer, Silber, Zink oder Eisen einerseits und Cyano-

[1] Bei mehrstündigem Stehen löst sich *Acetatohydroxoeisen(III)-hydroxid* in überschüssiger Essigsäure unter Bildung von *Acetatohydroxoeisen-(III)-acetat.*

[2] Je nach den bestehenden Bedingungen kann *Silberchlorid* in überschüssiger Salzsäure teilweise in Lösung gehen.

ferrat(II) oder Cyanoferrat(III) andererseits. Man filtriert den Niederschlag ab und weist darin nötigenfalls nach S. 41, Abschnitt 5, Störung 3, und S. 42, Abschnitt 6, Störung 5, Cyanoferrat(II) und Cyanoferrat(III) nach. — Scheidet sich beim Ansäuern *Berlinerblau* in schwer filtrierbarer Form aus, so empfiehlt es sich, den Sodaauszug mit Natronlauge zu kochen, um dadurch das als Kation vorliegende Eisen in Eisen(III)-hydroxid überzuführen, welches dann abfiltriert werden kann. Der so behandelte Sodaauszug gibt beim Ansäuern keine Ausscheidung mehr.

e) Durch *elementaren Schwefel* (weiß) bei Anwesenheit von Thiosulfat oder Polysulfid. Man kocht die getrübte Lösung mit Zellstoffbrei[1] oder schüttelt sie mit einigen Millilitern Chloroform etwa $^1/_2$ Minute kräftig durch, läßt absitzen und filtriert die wäßrige Lösung.

f) Durch *Arsensulfide* (gelb) bei Anwesenheit von Thioarsenit oder Thioarsenat im Sodaauszug. Der Niederschlag wird vor der weiteren Untersuchung abfiltriert.

g) Durch *elementares Jod* (braun bis schwarz). Vgl. Absatz 4a (unten).

4. Farbänderungen beim Ansäuern, die mit einem Überschuß an Säure nicht wieder verschwinden.

a) Braunfärbung durch *elementares Jod* (bisweilen in Verbindung mit einer Ausfällung von elementarem Jod) bei gleichzeitiger Anwesenheit von Jodid und oxydierenden Stoffen. Die Lösung ist vor der weiteren Untersuchung so oft mit Chloroform auszuschütteln, bis die wäßrige Schicht farblos geworden ist. Die Abtrennung des Chloroforms erfolgt entweder durch Dekantieren oder besser mit Hilfe eines Scheidetrichters.

b) Blaufärbung durch *kolloides Berlinerblau* bei gleichzeitiger Anwesenheit von Eisen(III)-Ion und Cyanoferrat(II). Man verfährt nach Absatz 3d.

c) Rotfärbung durch *Eisen(III)-thiocyanat* bei gleichzeitiger Anwesenheit von Eisen(III)-Ion und Thiocyanat.

d) Entfärbung des ursprünglich blauen Sodaauszugs bei Anwesenheit von Kupfer-Ion.

I. Gruppenreaktionen

Vor Ausführung der Einzelreaktionen auf Anionen sind die nachfolgend angegebenen 4 Gruppenreaktionen auszuführen, deren positiver Ausfall zugleich durch mehrere Ionen bedingt sein kann. Man unterscheidet bei jeder Gruppenreaktion solche Ionen, deren Anwesenheit in der Substanz ausnahmslos zu einer positiven Reaktion führen muß, und solche, die nur unter bestimmten Umständen eine positive Reaktion bewirken können. Ihnen stehen alle diejenigen Ionen gegenüber, die mit dem Gruppenreagens überhaupt nicht in Reaktion treten.

[1] Herzustellen, indem man ein Viertel einer *Filtrierstofftablette* in einem Reagensglas mit Wasser kräftig durchschüttelt, bis die Tablette zu einer breiförmigen Masse zerfallen ist.

Auswertung der Reaktionen. Die Gruppenreaktionen sind in der Weise zu werten, daß ***bei positivem Ausfall*** die in den nachfolgenden Tabellen angegebenen Ionen enthalten sein können, mindestens einer der dort aufgeführten Bestandteile jedoch enthalten sein muß. — ***Bei negativem Ausfall*** der Reaktion ist die Abwesenheit sämtlicher auf der linken Seite der Tabellen („Muß-Spalte") angegebenen Ionen in der Substanz erwiesen.

Bezüglich der in den Tabellen rechts angegebenen Ionen darf aus dem negativen Ausfall der Gruppenreaktionen nicht auf ihre Abwesenheit geschlossen werden, da sie oftmals nicht in den Sodaauszug übergehen oder nur bei Anwesenheit größerer Mengen eine positive Reaktion geben.

Kontrollreaktionen

In zweifelhaften Fällen führe man einen Vergleichsversuch mit den verwendeten Reagentien (Sodalösung, Schwefelsäure, Salzsäure, Salpetersäure) aus.

1. Gruppenreaktion mit Kaliumpermanganatlösung

Der schwefelsaure Sodaauszug wird in kleinen Anteilen mit verdünnter Kaliumpermanganatlösung versetzt und — falls in der Kälte keine Entfärbung eintritt — zum beginnenden Sieden erwärmt.

Eine Entfärbung der Permanganatlösung (etwa $^1/_4$ ml $KMnO_4$-Lösung oder mehr)	
muß eintreten bei Anwesenheit folgender Ionen (tritt keine Entfärbung ein, so sind die Ionen abwesend):	***kann*** eintreten bei Anwesenheit folgender Ionen:
Oxalat Tartrat Bromid Jodid Nitrit Cyanoferrat(II) Thiocyanat Sulfit Thiosulfat Arsenit Antimonit	Sulfid Peroxid

Bemerkungen

1. Eine Entfärbung einiger Tropfen Kaliumpermanganatlösung kann durch geringfügige organische Verunreinigungen der Substanz oder der Reagentien bedingt sein und ist daher nicht als positive Reaktion zu betrachten.

2. Eine Entfärbung des Permanganats durch Sulfid tritt nur dann ein, wenn dieses beim Kochen mit Sodalösung in den Sodaauszug übergeht. Manche Sulfide werden jedoch hierbei nicht angegriffen und treten dann bei der Gruppenreaktion nicht in Erscheinung.

3. Eine Entfärbung des Permanganats durch Peroxid tritt nur dann ein, wenn dieses nicht bei der Herstellung des Sodaauszugs zerstört worden ist. Da dies jedoch meistens der Fall ist, ist mit der Entfärbung des Permanganats durch Peroxid nur selten zu rechnen.

2. Gruppenreaktion mit Jod-Stärkelösung

Man vermischt Jod-Kaliumjodidlösung im Reagensglas mit dem gleichen Volumen Stärkelösung und verdünnt die Mischung mit Wasser so stark, daß das Licht eben schwach durchscheint. Die so erhaltene blau gefärbte Lösung fügt man in kleinen Anteilen zu dem salzsauren Sodaauszug.

Eine Entfärbung der Jod-Stärkelösung
(mindestens 5 Tropfen)

muß eintreten bei Anwesenheit folgender Ionen (tritt keine Entfärbung ein, so sind die Ionen abwesend):	***kann*** eintreten bei Anwesenheit folgender Ionen:
Sulfit	Arsenit
Thiosulfat	Antimonit
Cyanid	Cyanoferrat(II)
Thiocyanat (langsam)	Sulfid
	Chromat

Bemerkungen

1. Die Reaktion zwischen Arsenit oder Antimonit und Jodlösung ist von dem Säuregehalt und den vorliegenden Mengen abhängig. Ist neben Arsenit oder Antimonit gleichzeitig viel Arsenat oder Antimonat zugegen und ist die Lösung stark salzsauer, so findet keine Entfärbung der Jod-Stärkelösung statt. In der Mehrzahl der Fälle wird jedoch bei Einhaltung der angegebenen Versuchsbedingungen mit einer Entfärbung durch Arsenit und Antimonit zu rechnen sein.

2. Cyanoferrat(II) gibt eine positive Reaktion nur bei Anwesenheit größerer Mengen.

3. Bezüglich der Entfärbung durch Sulfid sei auf Abschnitt 1, Bemerkung 2 (oben), verwiesen. Ist Sulfid im Sodaauszug enthalten, so tritt eine deutliche Entfärbung der Jodlösung ein.

4. Chromat vermag Jod unter geeigneten Bedingungen zu Jodat-Ion zu oxydieren und kann so eine geringfügige Entfärbung der Jodlösung (5—8 Tropfen) verursachen.

3. Gruppenreaktion mit Kaliumjodidlösung

Der salzsaure Sodaauszug wird mit 1—2 ml Kaliumjodidlösung und 1 ml Stärkelösung versetzt[1].

Eine Blaufärbung	
muß eintreten bei Anwesenheit folgender Ionen (tritt keine Blaufärbung ein, so sind die Ionen abwesend):	***kann*** eintreten bei Anwesenheit folgender Ionen:
Nitrit Cyanoferrat(III) Permanganat Chromat Chlorat (langsam)	Hypochlorit Arsenat Antimonat Peroxid Kupfer(II)-Ion Eisen(III)-Ion

Bemerkungen

1. Hypochlorit erleidet beim Kochen mit Sodalösung eine allmähliche Zersetzung und wird daher im Sodaauszug meist nicht mehr nachweisbar sein.

2. Die Reaktion zwischen Arsenat oder Antimonat und Kaliumjodidlösung ist von dem Säuregehalt und den vorliegenden Mengen abhängig. Ist neben Arsenat oder Antimonat gleichzeitig auch viel Arsenit oder Antimonit zugegen und ist die Lösung sehr schwach salzsauer, so findet keine Blaufärbung statt.

3. Eine Blaufärbung durch Peroxid tritt nur dann ein, wenn dieses nicht bei der Herstellung des Sodaauszugs zerstört worden ist.

4. Kupfer(II)-Ion und insbesondere Eisen(III)-Ion gehen nur unter bestimmten Umständen in den Sodaauszug über und geben dann eine positive Reaktion mit Kaliumjodidlösung.

4. Gruppenreaktion mit Silbernitratlösung

Der salpetersaure Sodaauszug wird mit Silbernitratlösung im Überschuß versetzt und erwärmt.

Bemerkungen

1. Chlorid kommt in vielen Stoffen — vielfach auch in Soda — in geringen Mengen als Verunreinigung vor. Eine Opalescenz oder Trübung ist daher nicht als positive Reaktion zu bewerten.

2. Hypochlorit erleidet beim Kochen mit Sodalösung eine allmähliche Zersetzung und wird daher im Sodaauszug meist nicht mehr nachweisbar sein.

---

[1] An Stelle der Kaliumjodid- und Stärkelösung kann auch *Zinkjodid-Stärkelösung* verwendet werden.

Eine Fällung	
muß eintreten bei Anwesenheit folgender Ionen (tritt keine Fällung ein, so sind die Ionen abwesend):	***kann*** eintreten bei Anwesenheit folgender Ionen:
Unlöslich in konz. Salpetersäure: Chlorid (weiß) Bromid (gelblich-weiß) Jodid (hellgelb) Cyanid (weiß) Thiocyanat (weiß) Cyanoferrat(II) (weiß) Cyanoferrat(III) (orangefarben)	*Unlöslich in konz. Salpetersäure:* Hypochlorit (weiß)
Löslich in konz. Salpetersäure: Thiosulfat [weiß, dann gelb, braun und schwarz werdend (charakteristisch)]	*Löslich in konz. Salpetersäure:* Sulfid (schwarz) Oxalat (weiß) Chromat (braun-rot)

3. Oxalat und Chromat fallen nur bei schwach saurer Reaktion aus und sind bei höherer Säurekonzentration löslich. Um zu prüfen, ob ausschließlich diese Anionen zugegen sind oder ob auch mit der Anwesenheit der anderen Ionen zu rechnen ist, fügt man das gleiche Volumen konz. Salpetersäure hinzu, so daß eine etwa 34% Salpetersäure enthaltende Lösung entsteht, und erwärmt. Sind nur Oxalat und Chromat zugegen, so tritt Auflösung ein.

4. Thiosulfat und Sulfid fallen noch bei verhältnismäßig hoher Säurekonzentration aus. Liegen diese Ionen im Sodaauszug vor, so ist daher stets mit ihrer Ausfällung bei der vorliegenden Gruppenreaktion zu rechnen. Silberthiosulfat und -sulfid gehen beim gelinden Erwärmen mit 34%iger Salpetersäure ebenfalls in Lösung.

II. Einzelreaktionen

Die Untersuchung ist auf den Nachweis derjenigen Anionen zu beschränken, deren Anwesenheit auf Grund der Gruppenreaktionen möglich ist.

1. Prüfung auf Tartrat

a) *Silberspiegelprobe.* Etwas Silbernitratlösung wird tropfenweise mit soviel Ammoniak versetzt, bis der zunächst entstehende braune Niederschlag von *Silberoxid* eben wieder in Lösung geht. Die erhaltene Lösung versetzt man mit der gleichen Menge Sodaauszug und erwärmt die Mischung sodann etwa

10 Minuten in einem siedenden Wasserbad[1]. Ein langsam auftretender Silberspiegel zeigt *Tartrat* an. Ein schwarzer Spiegel ist nicht beweisend.

Bemerkungen

1. Die Abscheidung des Silberspiegels erfolgt bisweilen nur an einer kleinen Stelle der Reagensglaswandung, und zwar häufig am oberen Rand der Flüssigkeit. Auch ein kleiner Silberspiegel hat als beweisend zu gelten.

2. Bei negativem Ausfall wiederhole man die Reaktion nochmals mit etwas geänderten Mengen, wobei darauf zu achten ist, daß die ammoniakalische Silbernitratlösung im Überschuß ist.

Störung

Chlorid, Hypochlorit, Bromid, Jodid, Cyanid, Thiocyanat, Cyanoferrat(II), Cyanoferrat(III), Chromat, Borat, Phosphat, Oxalat, Nitrit, Sulfid, Sulfit, Thiosulfat, Arsen, Antimon, Zinn, Blei *(Abscheidung von Niederschlägen mit Silbernitrat; hierdurch gelegentlich Verhinderung des Silberspiegels; in seltenen Fällen auch Vortäuschung von Tartrat durch Bildung eines Silberspiegels). — Der Ausfall der Reaktion ist bei Anwesenheit der genannten störenden Ionen nicht als sicherer Beweis für die An- oder Abwesenheit von Tartrat anzusehen.*

b) *Kupfersulfatprobe (in der Substanz ausführen).* Etwas Substanz wird mit Kupfer(II)-sulfatlösung und überschüssiger Natronlauge versetzt, 1/2 Minute kräftig geschüttelt und filtriert. Eine Blaufärbung des Filtrats zeigt *Tartrat* an. Bei negativem Ausfall der Reaktion empfiehlt es sich, diese nochmals unter Anwendung etwas geänderter Mengenverhältnisse zu wiederholen.

Störungen

1. ***Ammoniumverbindungen*** *[Bildung von blauem Tetramminkupfer(II)-hydroxid, das unter den angewandten Bedingungen ebenfalls löslich ist]. — Zur Beseitigung der Störung kocht man so lang mit Natronlauge, bis kein Ammoniak mehr entweicht, läßt erkalten und führt dann die Reaktion in der angegebenen Weise durch.*

2. ***Arsenit*** *[Bildung von Kupfer(II)-arsenit, das in Natronlauge mit grün-blauer Farbe löslich ist]. — Zur Beseitigung der Störung stellt man eine Lösung der Substanz in starker Salzsäure her, fällt das Arsen durch Einleiten von Schwefelwasserstoff aus, filtriert und dampft das Filtrat zur Trockene ein. Mit dem getrockneten Rückstand führt man dann die Reaktion wie angegeben aus.*

3. ***Färbende Bestandteile,*** *insbesondere Chromat (Verdeckung der durch Tartrat hervorgerufenen Blaufärbung bzw. Bildung von Mischfarben). — Unter den genannten Bedingungen ist Tartrat durch die Kupfersulfatprobe nicht nachweisbar.*

---

[1] Man verwende ein mit destilliertem Wasser gefülltes Becherglas.

2. Prüfung auf Oxalat

Der essigsaure Sodaauszug wird mit Calciumchloridlösung versetzt. Eine weiße kristalline Fällung von *Calciumoxalat* zeigt *Oxalat* an.

Identifizierung. Man filtriert, wäscht zuerst mit verdünnter Essigsäure, dann mit Wasser gründlich aus, löst den Rückstand in wenig heißer verdünnter Schwefelsäure und versetzt in kleinen Anteilen mit Kaliumpermanganatlösung. Eine starke Entfärbung zeigt *Oxalat* an. Erwärmen begünstigt die Reaktion.

Störungen

1. ***Sulfat, Phosphat*** *(bei Anwesenheit von viel Sulfat oder Phosphat kann Calciumsulfat oder Calciumphosphat ausfallen). — Unterscheidung: Bei der Identifizierung tritt keine oder eine nur äußerst geringfügige Entfärbung des Permanganats (Verunreinigungen) ein.*

2. ***Fluorid*** *(Ausfällung von meist schlecht filtrierbarem weißen Calciumfluorid). — Unterscheidung: Bei der Identifizierung tritt keine oder eine nur äußerst geringfügige Entfärbung des Permanganats (Verunreinigungen) ein.*

3. ***Oxydierende Stoffe*** *(Oxydation des Oxalats bei der Herstellung des Sodaauszugs). — Liegen oxydierende Stoffe vor und ist die Prüfung auf Oxalat negativ ausgefallen, so digeriert man 1—2 g Substanz einige Minuten in der Kälte unter wiederholtem Umrühren mit Calciumchloridlösung. Hierauf wird filtriert und der Rückstand, der das Oxalat als Calciumoxalat enthält, mit Wasser und darauffolgend mit Essigsäure ausgewaschen. Den erhaltenen Rückstand verwendet man sodann zur Herstellung eines gesonderten Sodaauszugs (kleine Menge) und prüft diesen, wie angegeben, auf Oxalat. — Die Berücksichtigung dieser Störung ist bei Übungsanalysen im allgemeinen nicht erforderlich.*

3. Prüfung auf Permanganat

Eine violette Färbung des Sodaauszugs zeigt *Permanganat* an. Ist der Sodaauszug ungefärbt, so kann umgekehrt Permanganat im Sodaauszug nicht enthalten sein.

Identifizierung (im allgemeinen nicht erforderlich). Mit Wasserstoffperoxid oder Ammoniumoxalat tritt Entfärbung des schwefelsauren Sodaauszugs ein.

Störung

Reduzierende Stoffe oder Peroxide *(Zerstörung des Permanganats bei der Herstellung des Sodaauszugs). — Man prüft in diesem Fall, indem man etwas Substanz auf ein Stück feuchtes Filtrierpapier ausstreut. Violette, im Papier allmählich auseinanderfließende Punkte zeigen Permanganat an.*

4. Prüfung auf Chromat

Nur auszuführen, wenn der Sodaauszug gelb gefärbt ist. Anderenfalls ist Chromat abwesend.

Der schwefelsaure Sodaauszug wird mit 1 ml Äther und etwas Wasserstoffperoxid versetzt. Eine bisweilen rasch vorübergehende Blaufärbung, hervorgerufen durch *Chromperoxid*, die beim Schütteln in den Äther übergeht, zeigt *Chromat* an.

Bemerkung

Ist im Sodaauszug der Nachweis von Chromat erbracht, so kann dieses auch von einem Gehalt der Substanz an Dichromat herrühren, das bei der Herstellung des Sodaauszugs in Chromat umgewandelt wurde.

Störung

Jodid *[Bildung von elementarem Jod, das mit brauner Farbe in den Äther übergeht; dadurch Verdeckung der durch Chromat hervorgerufenen Blaufärbung. Reduktion des Chromats zu Chrom(III)-salz]. — Zur Vermeidung der Störung versetzt man den Sodaauszug, ohne anzusäuern, mit Silbernitratlösung im Überschuß, fügt 1 ml Äther und etwas Wasserstoffperoxid hinzu und säuert vorsichtig mit verdünnter Salzsäure an. Ist Chromat zugegen, so wird das ursprünglich ausgefällte Silberchromat in Silberchlorid und Chromperoxid übergeführt, welches durch Blaufärbung des Äthers in Erscheinung tritt, während Silberjodid ungelöst verbleibt. Die ausgefällten Silbersalze stören die Erkennbarkeit der Blaufärbung nicht.*

5. Prüfung auf Hexacyanoferrat(II)

Der salzsaure Sodaauszug wird mit stark verdünnter Eisen(III)-chloridlösung versetzt. Eine blaue Fällung von *Berlinerblau* zeigt *Cyanoferrat(II)* an. Sind nur geringe Mengen zugegen, so entsteht eine tief grün-blaugefärbte Lösung, aus der man den blauen Niederschlag vielfach durch Erwärmen mit Ammoniumchloridlösung ausfällen kann.

Störungen

1. ***Permanganat, Chromat*** *[Oxydation des Cyanoferrats(II) zu Cyanoferrat(III)]. — Bei Anwesenheit dieser Ionen ist Cyanoferrat(II) nicht nachweisbar.*

2. ***Thiocyanat*** *[Bildung von rotem Eisen(III)-thiocyanat; dadurch Verdeckung des bei Anwesenheit von Cyanoferrat(II) entstehenden blauen Niederschlages]. — Die Störung läßt sich vermeiden, indem man die Eisen(III)-chloridlösung in sehr starker Verdünnung tropfenweise hinzufügt. Es entsteht hierbei anfänglich nur Berlinerblau und erst bei weiterem Zusatz Eisen(III)-thiocyanat.*

3. Eisen, Zink, Silber, Kupfer *[Bildung von unlöslichen Cyanoferraten(II) beim Ansäuern des Sodaauszugs; bei Anwesenheit nur geringer Mengen kann hierdurch Cyanoferrat(II) vollständig ausgefällt werden und dadurch dem Nachweis entgehen]. — Bestehen Anzeichen für die genannte Störung (Ausfällung eines im Überschuß unlöslichen Niederschlags beim Ansäuern des Sodaauszugs und gleichzeitig negativer Ausfall der Reaktion auf Cyanoferrat(II), so prüft man die mit Säure entstehende Fällung gesondert auf Cyanoferrat(II). Zu diesem Zweck stellt man sich eine größere Menge davon her, filtriert, wäscht mit heißem Wasser aus, spült den Niederschlag nach Durchstoßen des Filters mit Wasser in ein Reagensglas, läßt absitzen, gießt das überstehende Wasser ab und kocht kurze Zeit mit Sodalösung. Hierauf wird von dem Niederschlag, der das Kation als Hydroxid oder basisches Carbonat enthält, abfiltriert, das Filtrat mit Salzsäure angesäuert und sodann mit Eisen(III)-chloridlösung auf Cyanoferrat(II) geprüft.*

6. Prüfung auf Hexacyanoferrat(III)

Der salzsaure Sodaauszug gibt bei Gegenwart von Cyanoferrat(III) mit einer kalt hergestellten Eisen(II)-sulfatlösung eine blaue Fällung von *Berlinerblau* (hier auch „*Turnbullsblau*" genannt), bei Anwesenheit geringer Mengen eine grünblau gefärbte Lösung, aus der man den blauen Niederschlag vielfach durch Erwärmen mit Ammoniumchloridlösung ausfällen kann.

Störungen

1. Cyanoferrat(II) *[Bildung von Berlinerblau mit dem oft in Eisen(II)-sulfat als Verunreinigung enthaltenen Eisen(III)-hydroxidsulfat]. — Man überzeuge sich durch die Reaktion mit Ammoniumthiocyanat davon, ob das verwendete Eisen(II)-sulfat frei von Eisen(III)-hydroxidsulfat ist, und wiederhole gegebenenfalls die Reaktion nochmals mit reinem Eisen(II)-sulfat.*

2. Nitrit *[Bildung von braunem Nitrosyleisen(II)-sulfat; dadurch Erschwerung der Erkennbarkeit der durch Cyanoferrat(III) hervorgerufenen Fällung]. — Man erhitzt die salzsaure Lösung vor Ausführung der Reaktion kurz zum beginnenden Sieden, um die Zerfallsprodukte der salpetrigen Säure zu vertreiben, kühlt dann rasch ab und prüft mit Eisen(II)-sulfatlösung auf Cyanoferrat(III).*

3. Thiocyanat *[Bildung von Eisen(III)-thiocyanat mit dem oft in Eisen(II)-sulfat als Verunreinigung enthaltenen Eisen(III)-hydroxidsulfat; dadurch Erschwerung der Erkennbarkeit der durch Cyanoferrat(III) hervorgerufenen Fällung]. — Man wiederhole die Reaktion nochmals mit reinem Eisen(II)-sulfat.*

4. Zink *[Bildung von gelb-braunem Zinkcyanoferrat(III) beim Ansäuern des Sodaauszugs; bei Anwesenheit nur geringer Mengen Cyanoferrat(III) kann dieses vollständig ausgefällt werden und dadurch dem Nachweis entgehen]. — Zur Vermeidung der Störung erwärmt man die salzsaure Mischung, wodurch der Niederschlag sich auflöst, und prüft dann in der Hitze mit Eisen(II)-sulfat auf Cyanoferrat(III).*

*5. **Eisen, Silber, Kupfer** [Bildung von unlöslichen Cyanoferraten(III) beim Ansäuern des Sodaauszugs; bei Anwesenheit nur geringer Mengen Cyanoferrat(III) kann dieses vollständig ausgefällt werden und dadurch dem Nachweis entgehen]. — Bestehen Anzeichen für die genannte Störung, so prüft man die mit Säure entstehende Fällung gesondert auf Cyanoferrat(III). Man verfährt zu diesem Zweck, wie auf S. 41 (Abschnitt 5, Störung 3) angegeben, prüft aber nach der Behandlung mit Sodalösung das Filtrat mit Eisen(II)-sulfatlösung auf Cyanoferrat(III).*

7. Prüfung auf Cyanid

Der schwefelsaure Sodaauszug wird in einem kleinen Becherglas unter Bedeckung mit einem Uhrglas, an das ein Stück mit gelbem Ammoniumsulfid benetztes Filtrierpapier angeheftet ist, gelinde erwärmt. Es entweicht hierbei *Cyanwasserstoff*, der mit dem Ammoniumsulfid *Ammoniumthiocyanat* bildet. Das Papier wird sodann mit verdünnter, salzsäurehaltiger Eisen(III)-chloridlösung betupft. Eine Rotfärbung zeigt Thiocyanat an und beweist damit die Anwesenheit von *Cyanid* in der Substanz.

Störungen

*1. **Cyanoferrat(II), Cyanoferrat(III)** (Zersetzung unter Bildung von Cyanwasserstoff, der ebenso reagiert). — Zur Beseitigung der Störung erhitzt man eine Probe der nötigenfalls mit Natronlauge oder Essigsäure auf neutrale Reaktion gebrachten Substanz mit einer überschüssigen Menge einer gesättigten Lösung von Natriumhydrogencarbonat. Bei Anwesenheit von Cyanid entweicht Cyanwasserstoff, welcher durch ein doppelt gebogenes Überleitungsrohr in eine in einem Reagensglas befindliche, mit Salpetersäure angesäuerte Silbernitratlösung eingeleitet wird und diese unter Abscheidung von weißem Silbercyanid trübt. Cyanoferrat(II) und Cyanoferrat(III) werden unter diesen Versuchsbedingungen nicht zersetzt und geben daher keine Trübung.*

Die Reaktion versagt bei Anwesenheit von Quecksilber, da $Hg(CN)_2$ in Wasser kaum dissoziiert ist. Durch Zusatz von Kaliumchlorid und Ansäuern mit Oxalsäure läßt sich jedoch auch aus $Hg(CN)_2$ Cyanwasserstoff abspalten und wie oben angegeben nachweisen.

Identifizierung. Der mit Wasser ausgewaschene Niederschlag von Silbercyanid wird mit etwas gelbem Ammoniumsulfid erwärmt. Man filtriert von dem gebildeten Silbersulfid ab, dampft das Filtrat stark ein (Abzug!), säuert mit Salzsäure an und fügt Eisen(III)-chloridlösung hinzu. Eine Rotfärbung zeigt Thiocyanat an und beweist damit die Anwesenheit von Cyanid in der Substanz.

*2. **Thiocyanat** (Entwicklung von flüchtiger Thiocyansäure, die mit Ammoniumsulfid Ammoniumthiocyanat bildet und ebenfalls eine Rotfärbung verursacht). — Zur Vermeidung der Störung treibt man, wie bei Störung 1 (oben) angegeben, den Cyanwasserstoff mit Kohlendioxid über, wobei Thiocyansäure nicht flüchtig ist und daher im Rückstand verbleibt.*

3. **Silber** *(Bildung von Silbercyanid, welches bei der Herstellung des Sodaauszugs nicht oder nur in Spuren in Natriumcyanid übergeht. Cyanid ist daher bei Anwesenheit von überschüssigem Silber im Sodaauszug meist nicht nachweisbar). — Hat die Untersuchung des unlöslichen Rückstandes nach S. 99, Abschnitt b, die Anwesenheit von Silber ergeben und ist gleichzeitig die Prüfung auf Cyanid im Sodaauszug negativ ausgefallen, so besteht doch die Möglichkeit, daß trotzdem Cyanid zugegen ist.*

Man löst in diesem Fall etwas Substanz in heißer verdünnter Salpetersäure. Verbleibt hierbei kein Rückstand, so ist Cyanid abwesend. Anderenfalls wird filtriert, mit heißem Wasser gründlich ausgewaschen und der Rückstand kurze Zeit mit 25%igem Ammoniak digeriert. Man filtriert wieder und säuert das Filtrat mit Salpetersäure an. Das hierdurch ausgefällte Silbercyanid wird abfiltriert, mit heißem Wasser ausgewaschen und in ein Reagensglas gespült. Sodann versetzt man mit der gleichen Menge Zinkstaub und verdünnter Schwefelsäure und erwärmt gelinde, wobei die Mündung des Reagensglases mit einem Stück Filtrierpapier, an dem sich ein Tropfen gelbes Ammoniumsulfid befindet, bedeckt wird. Bei Anwesenheit von Cyanid entweicht Cyanwasserstoff, der mit Ammoniumsulfid Ammoniumthiocyanat bildet, das, wie angegeben, mit Eisen(III)-chloridlösung nachgewiesen wird. — Das Verfahren ist bei gleichzeitiger Anwesenheit von Thiocyanat nicht anwendbar.

4. **Quecksilber** *[Bildung von undissoziiertem Quecksilber(II)-cyanid, welches beim Erwärmen mit Schwefelsäure keinen Cyanwasserstoff liefert]. — Zur Vermeidung der Störung versetzt man den Sodaauszug — ohne anzusäuern — mit gelbem Ammoniumsulfid und filtriert von dem ausgefallenen Quecksilber(II)-sulfid ab. Bei Anwesenheit von Cyanid enthält das Filtrat Thiocyanat-Ion, das wie üblich mit Eisen(III)-chlorid in salzsaurer Lösung nachgewiesen wird. — Das Verfahren ist bei gleichzeitiger Anwesenheit von Thiocyanat nicht anwendbar.*

Anmerkung. Eine weitere Reaktion auf *Cyanid* ist auf S. 13 (Abschnitt 1) beschrieben.

8. Prüfung auf Thiocyanat

Der salzsaure Sodaauszug wird mit stark verdünnter Eisen(III)-chloridlösung versetzt. Eine Rotfärbung, hervorgerufen durch *Eisen(III)-thiocyanat*, zeigt *Thiocyanat* an.

Störungen

1. **Jodid** *(Bildung von elementarem Jod, das die Lösung braun färbt und die durch Thiocyanat bedingte Rotfärbung verdeckt). — Zur Vermeidung der Störung versetzt man den salpetersauren Sodaauszug mit Silbernitrat im Überschuß, schüttelt um und gießt die überstehende Flüssigkeit ab. Der Niederschlag, der neben anderen Silbersalzen Silberjodid und Silberthiocyanat enthält, wird wiederholt durch Dekantieren mit Wasser ausgewaschen, mit 25%igem Ammoniak versetzt, kräftig geschüttelt und von dem ungelösten Silberjodid abfiltriert. Das Filtrat, welches das Silberthiocyanat enthält, wird mit Ammoniumsulfid geschüttelt und nach kurzer Zeit von dem gebildeten Silbersulfid abfiltriert. Das* *nunmehr erhaltene silberfreie Filtrat, welches Ammoniumthiocyanat enthält, wird unter Zusatz von etwas Sodalösung eingeengt, mit Salzsäure angesäuert und sodann, wie angegeben, auf Thiocyanat geprüft.*

Ist zugleich Cyanid zugegen, so ist das angegebene Verfahren nur bei Verwendung von farblosem, völlig polysulfidfreiem Ammoniumsulfid anwendbar, da Cyanid mit Ammoniumpolysulfid Thiocyanat bilden würde. Anderenfalls entfernt man zuerst das Cyanid, indem man so lange Kohlendioxid durch die mit Schwefelsäure bis zur schwach alkalischen Reaktion abgestumpfte Lösung hindurchleitet, bis das entweichende Gasgemisch mit salpetersaurer Silbernitratlösung keine Trübung mehr gibt, und verfährt dann wie oben angegeben.

2. ***Cyanoferrat(II), Cyanoferrat(III)*** *[Bildung von Berlinerblau oder braunem Eisen(III)-cyanoferrat(III); dadurch Verdeckung der durch Thiocyanat bedingten Rotfärbung]. — Die Störung läßt sich in vielen Fällen vermeiden, indem man die Lösung nach Zugabe des Eisen(III)-chlorids mit Äther ausschüttelt. Hierbei geht das Eisen(III)-thiocyanat in den Äther über und ist an der roten Farbe zu erkennen, während Berlinerblau und Eisen(III)-cyanoferrat(III) in der wäßrigen Schicht zurückbleiben. Da die Löslichkeit des Eisen(III)-thiocyanats in Äther von verschiedenen Begleitumständen abhängig ist, empfiehlt es sich — falls beim Ausschütteln keine Rotfärbung des Äthers eingetreten ist —, die Reaktion nochmals unter geänderten Mengenverhältnissen zu wiederholen.*

3. ***Fluorid*** *[Entfärbung des Eisen(III)-thiocyanats durch Bildung von farblosem Hexafluoroferrat(III)]. — Zur Vermeidung der Störung versetzt man die farblose Lösung nach Ausführung der Reaktion noch mit einem größeren Überschuß an Eisen(III)-chloridlösung oder fügt noch etwas konz. Salzsäure hinzu. Hierbei tritt die rote Farbe des Eisen(III)-thiocyanats in Erscheinung.*

4. ***Nitrit*** *(Zerstörung des Thiocyanat-Ions). — Um die Möglichkeit dieser Störung zu verringern, führt man die Reaktion in starker Verdünnung sofort nach dem Ansäuern aus. Eine nachträgliche Entfärbung des Eisen(III)-thiocyanats ist nicht zu beachten.*

5. ***Silber*** *(Bildung von Silberthiocyanat, welches bei der Herstellung des Sodaauszugs nicht oder nur in Spuren in Natriumthiocyanat übergeht. Thiocyanat ist daher bei Anwesenheit von überschüssigem Silber im Sodaauszug nicht nachweisbar). — Hat die Untersuchung des unlöslichen Rückstandes nach S. 99, Abschnitt b, die Anwesenheit von Silber ergeben und ist gleichzeitig die Prüfung auf Thiocyanat im Sodaauszug negativ ausgefallen, so besteht doch die Möglichkeit, daß trotzdem Thiocyanat zugegen ist.*

Man löst in diesem Fall etwas Substanz in heißer verdünnter Salpetersäure. Verbleibt hierbei kein Rückstand, so ist Thiocyanat abwesend. Anderenfalls wird filtriert, mit heißem Wasser gründlich ausgewaschen und der Rückstand kurze Zeit mit 25%igem Ammoniak digeriert. Man filtriert wieder und säuert das Filtrat mit Salpetersäure an. Das hierdurch ausgefällte Silberthiocyanat wird abfiltriert, mit heißem Wasser ausgewaschen und in einem Reagensglas mit etwas Ammoniumsulfid erwärmt. Man filtriert von dem gebildeten Silbersulfid ab, dampft das Filtrat unter Zusatz von etwas Sodalösung stark ein (Abzug!), säuert mit Salzsäure an und fügt Eisen(III)-chloridlösung hinzu. Eine Rotfärbung zeigt Thiocyanat an. — Bei Anwesenheit von

Cyanid, Cyanoferrat(II), Cyanoferrat(III) ist das Verfahren nicht anwendbar.

9. und 10. Prüfung auf Jodid und Bromid

Der salzsaure Sodaauszug wird mit 1—2 ml Chloroform und sodann in kleinen Anteilen mit verdünnter Chloraminlösung[1] oder Chlorwasser versetzt. Hierbei ist nach jeder Zugabe unter Verschluß mit dem Daumen kräftig zu schütteln. Eine Violettfärbung des Chloroforms, hervorgerufen durch *elementares Jod*, zeigt *Jodid*, eine Braunfärbung, hervorgerufen durch *elementares Brom*, *Bromid* an.

Ist zugleich *Jodid* und *Bromid* zugegen, so scheidet sich zunächst nur *Jod* — unter Violettfärbung des Chloroforms — ab. Fährt man dann mit dem Zusatz des Chloramins oder Chlorwassers fort und schüttelt nach jeder Zugabe die Mischung kräftig durch, so verschwindet die durch Jod hervorgerufene Violettfärbung allmählich wieder, da das Jod zu farbloser *Jodsäure* oxydiert wird. Bei weiterem Zusatz färbt sich dann das Chloroform infolge Ausscheidung von *elementarem Brom* braun und schließlich infolge Bildung von *Bromchlorid* weingelb.

Bemerkung

Liegen größere Mengen Jodid vor, so gestaltet sich die zur Erkennung von Bromid nötige Überführung in elementares Jod und Jodsäure bisweilen umständlich. Um rascher zum Ziel zu kommen, empfiehlt es sich in diesem Fall, die Hauptmenge des Jods, die sich in der tief violett gefärbten Chloroformschicht befindet, vor der Oxydation zu Jodsäure durch Dekantieren abzutrennen. Die wäßrige Schicht, die neben dem gesamten Bromid nur noch wenig Jodid enthält, wird nunmehr erneut mit Chloroform und dann, wie oben angegeben, in kleinen Anteilen mit Chloraminlösung versetzt.

Störungen

*1. **Reduzierende Stoffe**, z. B. $Na_2S_2O_3$ (Verbrauch des zugefügten Chloramins bzw. Chlorwassers). — Die Störung wird beseitigt, indem man einen entsprechenden Überschuß an Reagenslösung verwendet.*

*2. **Nitrit** (Verhinderung der Bromausscheidung). — Zur Vermeidung der Störung kocht man den salzsauren Sodaauszug, um die Zersetzungsprodukte der salpetrigen Säure zu vertreiben, kühlt dann ab und führt die Reaktion, wie angegeben, aus.*

*3. **Silber** (Bildung von Silberjodid und Silberbromid, welche bei der Herstellung des Sodaauszugs nicht oder nur in Spuren angegriffen werden. Jodid und Bromid sind daher bei Anwesenheit von überschüssigem Silber im Sodaauszug*

---

[1] Die Chloraminlösung ist jeweils frisch aus 1 Teil *Chloramin T* und 5—10 Teilen Wasser zu bereiten.

nicht nachweisbar). — Hat die Untersuchung des unlöslichen Rückstandes nach *S. 99, Abschnitt b, oder S. 101, Abschnitt d,* *die Anwesenheit von Silber ergeben und ist gleichzeitig die Prüfung auf Jodid und Bromid im Sodaauszug negativ ausgefallen, so besteht die Möglichkeit, daß diese Ionen trotzdem zugegen sind.*

Man löst in diesem Fall etwas Substanz in heißer verdünnter Salpetersäure. Verbleibt hierbei kein unlöslicher Rückstand, so sind Jodid und Bromid abwesend. Anderenfalls wird filtriert, mit heißem Wasser gründlich ausgewaschen und der Rückstand nach Durchstoßen des Filters mit Wasser in ein Reagensglas gespült. Sodann versetzt man mit der gleichen Menge Zinkstaub[1] und verdünnter Schwefelsäure, erhitzt einige Minuten zum Sieden und filtriert von dem unlöslich verbliebenen Rückstand, der metallisches Silber enthält, ab. Das Filtrat, welches das ursprünglich an Silber gebundene Bromid und Jodid enthält, teilt man in zwei Teile und prüft den einen Teil mit Chloroform und Chloramin bzw. Chlorwasser, wie angegeben, auf Jodid und Bromid, während der zweite Teil zur Prüfung auf Chlorid vorläufig zurückgestellt wird.

11. Prüfung auf Chlorid

a) *Reaktion mit Silbernitrat.* Wurde bei Gruppenreaktion 4 mit Silbernitratlösung eine weiße Fällung erhalten, die auch beim Erwärmen nach Zusatz eines gleichen Volumens konz. Salpetersäure nicht in Lösung ging, und sind Bromid, Jodid, Cyanid, Thiocyanat, Cyanoferrat(II), Cyanoferrat(III) und Hypochlorit abwesend, so ist die Gegenwart von Chlorid erwiesen. Anderenfalls sind folgende Störungen zu berücksichtigen.

Störungen

*1. **Cyanid** (Bildung von weißem Silbercyanid). — Man entfernt zunächst das Cyanid, indem man so lang Kohlendioxid durch die mit Schwefelsäure bis zur schwach alkalischen Reaktion abgestumpfte Lösung hindurchleitet, bis das entweichende Gasgemisch mit salpetersaurer Silbernitratlösung keine Trübung mehr gibt. Hierauf macht man die Untersuchungslösung salpetersauer und fügt Silbernitratlösung hinzu. Eine weiße Fällung kann dann nur noch durch Chlorid bedingt sein.*

*2. **Cyanoferrat(II), Cyanoferrat(III)** [Bildung von weißem Silber-cyanoferrat(II) und braunem Silber-cyanoferrat(III)]. — Die Störung wird beseitigt, indem man den schwefelsauren Sodaauszug mit Kupfer(II)-sulfatlösung im Überschuß versetzt und erwärmt. Man filtriert von dem entstandenen Kupfer-cyanoferrat(II) und Kupfer-cyanoferrat(III) ab, verdünnt und erwärmt das Filtrat mit verdünnter Salpetersäure und Silbernitratlösung. Eine weiße Fällung kann dann nur noch durch Chlorid bedingt sein.*

---

[1] Der zu verwendende *Zinkstaub* muß frei von Chlorid sein. Man prüfe die salpetersaure Lösung des Zinkstaubs mit Silbernitrat auf *Chlorid.*

3. Thiocyanat *(Bildung von weißem Silberthiocyanat). — Zur Beseitigung der Störung wird der schwefelsaure Sodaauszug mit Kupfer(II)-sulfatlösung und schwefliger Säure*[1]*, beides im Überschuß, versetzt und kurze Zeit zum Sieden erhitzt. Man filtriert von dem ausgefallenen Kupfer(I)-thiocyanat ab und dampft das Filtrat zur Entfernung des überschüssigen Schwefeldioxids auf die Hälfte ein. Hierauf verdünnt man und fügt verdünnte Salpetersäure und Silbernitratlösung hinzu. Eine weiße Fällung kann dann nur noch durch Chlorid bedingt sein. — Ist gleichzeitig Cyanoferrat(II) oder Cyanoferrat(III) zugegen, so werden diese zugleich gemeinsam mit dem Thiocyanat entfernt.*

4. Bromid, Jodid *(Bildung von gelblichem Silberbromid und Silberjodid). — Zur Vermeidung der Störung wird der salpetersaure Sodaauszug mit dem gleichen Volumen konz. Salpetersäure versetzt, so daß eine etwa 34% Salpetersäure enthaltende Lösung entsteht. Darauf fügt man das gleiche Volumen 6%ige Kaliumpermanganatlösung und einige Milliliter Aceton hinzu und erhitzt kurz zum Sieden (Abzug!), bis das Kaliumpermanganat zu Mangandioxidhydrat reduziert ist. Nach dem Abkühlen fügt man Wasserstoffperoxid hinzu, bis das Mangandioxidhydrat in Lösung gegangen ist, und versetzt schließlich mit Silbernitratlösung. Eine weiße Fällung kann dann nur noch durch Chlorid bedingt sein*[2]*. Eine sich allmählich verstärkende Opalescenz ist nicht beweisend.*

5. Hypochlorit *(Hypochlorit wird bei der Herstellung des Sodaauszugs zerstört. Hierbei entsteht u. a. Chlorid, das einen Chloridgehalt der Substanz vortäuscht. Eine weitere Störung wird verursacht, wenn der Sodaauszug noch Hypochlorit enthält, da dieses mit Silbernitrat weißes Silberchlorid neben löslichem Silberchlorat bildet). — Eine Vermeidung der Störung ist mit einfachen Mitteln nicht möglich.*

6. Silber *(Bildung von Silberchlorid, welches bei der Herstellung des Sodaauszugs nicht oder nur in Spuren in Natriumchlorid übergeführt wird. Chlorid ist daher bei Anwesenheit von überschüssigem Silber im Sodaauszug nicht nachweisbar). — Hat die Untersuchung des unlöslichen Rückstandes nach S. 99, Abschnitt b, die Anwesenheit von Silber ergeben und ist gleichzeitig die Prüfung auf Chlorid im Sodaauszug negativ ausgefallen, so besteht die Möglichkeit, daß trotzdem Chlorid zugegen ist. Man prüft in diesem Fall die nach S. 45, Abschnitt 9—10, Störung 3, durch Reduktion mit Zinkstaub erhaltene schwefelsaure Lösung auf Chlorid, wobei die oben angegebenen Störungen des Chloridnachweises zu berücksichtigen sind.*

b) *Chromylchloridreaktion (in der Substanz auszuführen).*

Hinweis: Diese Reaktion darf erst ausgeführt werden, wenn man sich nach S. 49, Abschnitt 12, vergewissert hat, daß *Chlorat* abwesend ist. Ist Chlorat anwesend, so darf die Chromylchloridreaktion nicht ausgeführt werden (vgl. **Störung 4**).

[1] Die *schweflige Säure* ist vor Ausführung der Reaktion mit *Salpetersäure* und *Silbernitrat* auf Abwesenheit von *Chlorid* zu prüfen.

[2] Nach Beendigung des Versuches ist die Untersuchungslösung in den *Ausguß* unter dem Abzug zu entleeren (*Bromaceton* ist eine *augenreizende, leicht flüchtige Verbindung*).

Etwas Substanz wird in einem Reagensglas mit einer mehrfachen Menge gepulvertem Kaliumdichromat und einigen Millilitern konz. Schwefelsäure gründlich verrührt (Glasstab). Man verbindet hierauf das Gefäß mit einem 2fach gebogenen Gasüberleitungsrohr, dessen Ende in ein mit 1/2 ml Natronlauge beschicktes zweites Reagensglas taucht, und erhitzt sodann die Mischung. Bei Anwesenheit von *Chlorid* entweichen rot-braune Dämpfe von *Chromylchlorid*, die mit der Natronlauge gelbes *Natriumchromat* bilden.

Identifizierung. Die gelbe Lösung wird mit Schwefelsäure angesäuert und dann mit 1 ml Äther und etwas Wasserstoffperoxid versetzt. Eine vorübergehende Blaufärbung, die beim Schütteln in den Äther übergeht, zeigt Chromat an und beweist damit die Anwesenheit von *Chlorid* in der Substanz.

Störungen

1. ***Bromid, Jodid*** *(Entwicklung von elementarem Brom und Jod, die bei der Chromperoxidreaktion mit brauner Farbe in den Äther übergehen; dadurch Verdeckung der durch Chromat bedingten Blaufärbung). — Bei Anwesenheit der genannten Ionen säuert man die alkalische Lösung mit Essigsäure an. Tritt hierbei eine Fällung von elementarem Jod auf, so wird diese abfiltriert. Die essigsaure Lösung wird sodann mit Bariumchloridlösung versetzt. Eine gelbe Fällung von Bariumchromat zeigt Chromat an und beweist damit die Anwesenheit von Chlorid in der Substanz. — Eine weiße Fällung, die durch Bariumfluorid, Bariumfluorosilicat oder Bariumsulfat bedingt sein kann, ist nicht beweisend. Um festzustellen, ob die mit Bariumchlorid erzeugte Fällung Bariumchromat enthält, versetzt man in Zweifelsfällen den abfiltrierten und ausgewaschenen Niederschlag mit verdünnter Salzsäure, filtriert nötigenfalls und weist im Filtrat Chromat durch die Chromperoxidreaktion nach.*

2. ***Reduzierende Stoffe,*** *z. B. Na_2SO_3, $FeSO_4$ [Reduktion des Dichromats zu grünem Chrom(III)-sulfat]. — Bei Anwesenheit reduzierender Stoffe führt man die Reaktion mit einer entsprechend größeren Menge Kaliumdichromat aus. Nach Beendigung der Reaktion muß die zurückbleibende Mischung nicht grün, sondern durch Überschuß an Dichromat rot-braun gefärbt sein.*

3. ***Oxydierende Stoffe,*** *z. B. $KMnO_4$, $NaNO_3$ (Bildung von elementarem Chlor an Stelle von Chromylchlorid). — Bei Vorliegen dieser Störung beschränkt sich der Nachweis des Chlorids auf die Reaktion mit Silbernitrat nach S. 46, Abschnitt 11a.*

4. ***Chlorat*** *(Gefahr einer Explosion; Bildung von elementarem Chlor an Stelle von Chromylchlorid). — Bei Anwesenheit von Chlorat beschränkt sich der Nachweis des Chlorids auf die Reaktion mit Silbernitrat nach S. 46, Abschnitt 11a.*

5. ***Silber, Quecksilber*** *[Bildung von Silberchlorid, Quecksilber(II)-chlorid, Quecksilber(I)-chlorid, in denen Chlorid meist nicht durch die*

Chromylchloridreaktion nachweisbar ist]. — Bei Vorliegen dieser Störung beschränkt sich der Nachweis des Chlorids auf die Reaktion mit Silbernitrat nach S. 46, Abschnitt 11a.

12. Prüfung auf Chlorat

Der Sodaauszug wird mit Schwefelsäure schwach angesäuert und sodann mit schwefliger Säure[1] im Überschuß versetzt. Man kocht die Lösung bis zum Verschwinden des Geruches nach *Schwefeldioxid* und fügt dann verdünnte Salpetersäure und Silbernitratlösung hinzu. Eine weiße Fällung von *Silberchlorid* zeigt Chlorid an und beweist damit die Anwesenheit von *Chlorat* in der Substanz.

Störungen

1. ***Hypochlorit*** *(Hypochlorit wird bei der Herstellung des Sodaauszugs zerstört. Hierbei entsteht u. a. Chlorat, das einen Chloratgehalt der Substanz vortäuscht. Eine weitere Störung wird verursacht, wenn der Sodaauszug noch Hypochlorit enthält, da dieses durch schweflige Säure ebenfalls zu Chlorid reduziert wird). — Eine Vermeidung der Störung ist mit einfachen Mitteln nicht möglich.*

2. ***Chlorid, Bromid, Jodid, Cyanid, Thiocyanat, Cyanoferrat(II), Cyanoferrat(III),*** *gelegentlich* ***Thiosulfat, Sulfid*** *(Bildung von Niederschlägen mit Silbernitrat). — Die Störung wird beseitigt, indem man den schwefelsauren Sodaauszug mit Silbernitrat in geringem Überschuß versetzt und filtriert. Das Filtrat wird, wie angegeben, mit schwefliger Säure behandelt. Hierbei fällt, falls Chlorat zugegen ist, unmittelbar eine dem vorhandenen Überschuß an Silbernitrat entsprechende Menge Silberchlorid sowie häufig auch weißes Silbersulfit aus. Man fügt konz. Salpetersäure und nochmals Silbernitrat zu. Liegt kein Chlorat vor, so geht der Niederschlag in Lösung, der dann nur aus Silbersulfit bestand. Anderenfalls bleibt der weiße, aus Silberchlorid bestehende Niederschlag unlöslich.*

Hinweis:

Falls Chlorat abwesend ist, sind an dieser Stelle des Analysenganges folgende Reaktionen nachzuholen:

1. Reaktion mit konz. Schwefelsäure nach S. 16, Abschnitt 4.
2. Prüfung auf *Acetat* nach S. 22, Abschnitt 9b,
3. Prüfung auf *Borat* nach S. 23, Abschnitt 10,
4. Prüfung auf *Silicat* nach S. 24, Abschnitt 11,
5. Prüfung auf *Chlorid* nach S. 47, Abschnitt 11b.

13. Prüfung auf Perchlorat

Der Nachweis erfolgt mikrochemisch: Ein Tropfen des salzsauren Sodaauszuges wird auf einem Objektträger mit einem kleinen Tropfen 6%iger Kaliumpermanganatlösung

---

[1] Die *schweflige Säure* ist vor Ausführung der Reaktion mit *Salpetersäure* und *Silbernitrat* auf Abwesenheit von *Chlorid* zu prüfen.

und einem kleinen Körnchen Rubidiumchlorid versetzt. Es scheiden sich bei Anwesenheit von *Perchlorat* entweder sofort oder nach dem Eindunsten dunkelrot gefärbte rhombische Mischkristalle von *Rubidiumperchlorat* und *Rubidiumpermanganat* ab, die unter dem Mikroskop eine charakteristische Kristallform erkennen lassen.

Störung

Stärker reduzierende Stoffe *(Reduktion des Permanganats). — Die Störung wird durch Zugabe von mehr Permanganatlösung behoben. Die Lösung muß auf dem Objektträger deutlich hellrosa erscheinen. Eine allmählich eintretende Entfärbung bzw. Gelb-braun-Färbung ist zu vernachlässigen. Tritt eine Fällung ein, die die Kristalle schwer erkennbar macht, so wird die Vermischung des salzsauren Sodaauszugs mit der Kaliumpermanganatlösung in einem Reagensglas vorgenommen und die entstehende Fällung abfiltriert.*

Anmerkung. Eine weitere Reaktion auf *Perchlorat* ist auf S. 28 (Abschnitt 15) beschrieben.

14. Prüfung auf Sulfit

Der Sodaauszug wird tropfenweise mit Essigsäure bis zur schwach alkalischen Reaktion abgestumpft und, wie folgt, auf Sulfit geprüft.

a) *Reaktion mit Fuchsin-Malachitgrün.* Man versetzt in kleinen Anteilen mit Fuchsin-Malachitgrünlösung. Eine Entfärbung, hervorgerufen durch *Reduktion der beiden Farbstoffe,* zeigt *Sulfit* an.

Störungen

1. ***Hypochlorit, Peroxid*** *[die genannten Ionen werden meist bei der Herstellung des Sodaauszugs zerstört. Falls noch im Sodaauszug vorhanden, bedingen sie ebenfalls eine Entfärbung der Fuchsin-Malachitgrünlösung (bei Peroxid nur langsam)]. — Ein positiver Ausfall der Reaktion ist bei Anwesenheit der genannten Ionen nicht beweisend.*

2. ***Elementarer Schwefel*** *(Bildung von Sulfit bei der Herstellung des Sodaauszugs). — Man entfernt den Schwefel mit Kohlendisulfid nach den Angaben auf S. 30, Störung 1.*

b) *Reaktion mit Zinksulfat und Natrium-cyanonitrosylferrat.* Man versetzt mit dem gleichen Volumen konz. Zinksulfatlösung, einigen Tropfen Natrium-cyanonitrosylferratlösung und 1—2 Tropfen Kaliumcyanoferrat(II)-lösung und schüttelt um. Eine erdbeerrote Fällung zeigt *Sulfit* an.

Störungen

1. **Sulfid, Polysulfid** *(Verfärbung des Niederschlags; dadurch Verdeckung der durch Sulfit bedingten erdbeerroten Färbung). — Zur Beseitigung der Störung filtriert man die mit überschüssigem Zinksulfat entstehende Fällung, die das Sulfid als Zinksulfid enthält, vor der Zugabe von Natrium-cyanonitrosylferrat und Kalium-cyanoferrat(II) ab. — Für den Nachweis geringer Mengen von Sulfit neben Sulfid oder Polysulfid empfiehlt es sich, die genannten störenden Ionen, wie in Abschnitt 15, Störung 2 (unten), angegeben, durch Schütteln einer Probe des Sodaauszugs mit Cadmiumcarbonat zu entfernen.*

2. **Elementarer Schwefel** *(Bildung von Sulfit bei der Herstellung des Sodaauszugs). — Man entfernt den Schwefel mit Kohlendisulfid nach den Angaben auf S. 30, Störung 1.*

3. **Chromat, Peroxid, Hypochlorit, Nitrit** *(Verhinderung der durch Sulfit hervorgerufenen Färbung oder Bildung anders gefärbter Niederschläge). — Ein negativer Ausfall der Reaktion ist bei Anwesenheit der genannten Ionen nicht beweisend.*

15. Prüfung auf Thiosulfat

Der Sodaauszug wird mit verdünnter Salzsäure angesäuert und zum Sieden erhitzt. Eine weiße bis gelblichweiße Fällung von *elementarem Schwefel*, verbunden mit einer Entwicklung von *Schwefeldioxid*, zeigt *Thiosulfat* an. Tritt keine Fällung ein, so fügt man noch etwas konz. Salzsäure hinzu und hält die Lösung etwa $^1/_4$ Stunde bei Siedetemperatur. Tritt auch dann keine Schwefelabscheidung ein, so ist Thiosulfat abwesend.

Störungen

1. **Elementarer Schwefel** *(Bildung von Thiosulfat bei der Herstellung des Sodaauszugs). — Man entfernt den Schwefel mit Kohlendisulfid nach den Angaben auf S. 30, Störung 1.*

2. **Polysulfid, Thiosalze**, z. B. Na_3AsS_4 *(Abscheidung von elementarem Schwefel oder unlöslichen Sulfiden beim Kochen mit Salzsäure). — Ist die Reaktion auf Thiosulfat positiv ausgefallen und wurde nach S. 26, Abschnitt 13, in der Substanz Sulfid nachgewiesen, so überzeugt man sich, ob auch im Sodaauszug Sulfid vorliegt, indem man ihn — ohne zuvor anzusäuern — mit Natrium-cyanonitrosylferratlösung versetzt. Eine blau-violette Färbung zeigt Sulfid bzw. Polysulfid an. Bei Anwesenheit von Thiosalzen tritt nur eine sehr schwache Violettfärbung ein. — Man beseitigt die Störung, indem man den Sodaauszug — ebenfalls ohne anzusäuern — mit festem Cadmiumcarbonat kräftig schüttelt. Man filtriert von dem Rückstand, der aus Cadmiumsulfid und überschüssigem Cadmiumcarbonat besteht, ab und prüft eine Probe des Filtrats mit Natrium-cyanonitrosylferrat auf Abwesenheit von Sulfid. Mit dem Rest der Lösung führt man, wie angegeben, die Reaktion auf Thiosulfat durch.*

Zur Entfernung von Thiosalzen verfährt man in gleicher Weise mit dem Unterschied, daß man die mit Cadmiumcarbonat versetzte Lösung vor dem Abfiltrieren etwa $^1/_2$ Stunde stehen läßt, wobei mehrfach umzuschütteln ist.

3. ***Cyanoferrat(II), Cyanoferrat(III)*** *(Zersetzung beim Kochen mit Salzsäure unter Bildung von Berlinerblau; dadurch Verdeckung der durch Thiosulfat bewirkten Schwefelabscheidung). — Zur Beseitigung der Störung neutralisiert man den Sodaauszug mit Essigsäure gegen Indicatorpapier und versetzt mit Zinksulfatlösung im Überschuß. Hierauf wird von der Zink-cyanoferrat(II), Zink-cyanoferrat(III) und Zinkcarbonat enthaltenden Fällung abfiltriert und das Filtrat, wie angegeben, durch Kochen mit Salzsäure auf Thiosulfat geprüft.*

16. Prüfung auf Sulfat

Der salzsaure Sodaauszug wird mit Bariumchloridlösung versetzt. Eine weiße kristalline Fällung von *Bariumsulfat* zeigt *Sulfat* an. Erwärmung begünstigt die Abscheidung des Niederschlags.

Identifizierung. *Heparprobe.* Man bringt eine geringe Menge des abfiltrierten und ausgewaschenen Niederschlags an ein Magnesiastäbchen, trocknet den Niederschlag vorsichtig über der Sparflamme des Bunsenbrenners an[1] und erhitzt ihn 2 Minuten in dem oberen Teil der *leuchtenden Flamme* des Bunsenbrenners. Sodann legt man das abgebrochene Ende des Magnesiastäbchens auf eine blanke Silbermünze[2] und befeuchtet mit 1 Tropfen Wasser. Ein sich allmählich bildender brauner oder schwarzer Fleck von *Silbersulfid* zeigt Sulfid an und beweist damit die Anwesenheit von *Sulfat* in der Substanz.

Störungen

1. ***Polysulfid*** *(Abscheidung von elementarem Schwefel mit Salzsäure; dadurch Verdeckung der Bariumsulfatfällung und ebenfalls positiver Ausfall der Identifizierungsreaktion). — Man beseitigt die Störung nach S. 51, Abschnitt 15, Störung 2, durch Schütteln des Sodaauszugs mit festem Cadmiumcarbonat.*

2. ***Thiosulfat*** *(Abscheidung von elementarem Schwefel mit Salzsäure; dadurch Verdeckung der Bariumsulfatfällung und ebenfalls positiver Ausfall der Identifizierungsreaktion). — Zur Beseitigung der Störung[3] wird der salzsaure Sodaauszug mit konz. Salzsäure versetzt und etwa 1/4 Stunde bei Siedetemperatur erhalten. Hierauf läßt man erkalten, versetzt mit einigen Millilitern Chloroform und schüttelt etwa 1/2 Minute kräftig durch. Dann läßt man absitzen und filtriert*

---

[1] Das Anheften des Niederschlages gelingt leichter, wenn man zuerst etwas Kaliumnatriumcarbonat an das Magnesiastäbchen anschmilzt (Überschuß an Kaliumnatriumcarbonat abschleudern!). Es bildet sich dann bei der Reduktion neben *Bariumsulfid* auch etwas *Alkalisulfid*. Eine Beeinträchtigung der Reaktion findet dadurch nicht statt.

[2] Durch Reiben mit Seesand zu reinigen.

[3] Ein anderes Verfahren zur *Abtrennung des Thiosulfats*, das auf der Anwendung von *Strontiumnitrat* beruht, ist in dem Buch „Praktikum der qualitativen Analyse", 6. Aufl., 1960, auf S. 213 beschrieben.

die wäßrige Lösung. Eine Probe des klaren Filtrats prüft man durch nochmaliges Erhitzen mit konz. Salzsäure auf Vollständigkeit der Fällung. Die Hauptmenge des Filtrates wird schließlich, wie angegeben, mit Bariumchloridlösung auf Sulfat geprüft. — Ist gleichzeitig Polysulfid anwesend, so erfolgt dessen Beseitigung gemeinsam mit derjenigen des Thiosulfats in der hier angegebenen Weise.

3. Fluorid *(Abscheidung von weißem, meist schwer filtrierbarem Bariumfluorid). — Die Störung wird dadurch beseitigt, daß man konz. Salzsäure hinzufügt*[1]*. Hierdurch geht Bariumfluorid in Lösung, während Bariumsulfat unlöslich zurückbleibt. — Bei der Identifizierung am Magnesiastäbchen tritt Fluorid nicht in Erscheinung.*

17. Prüfung auf Nitrit

a) *Reaktion mit Eisen(II)-sulfat.* Der schwefelsaure Sodaauszug wird mittels einer Pipette mit einigen Millilitern einer gesättigten, kalt hergestellten Eisen(II)-sulfatlösung unterschichtet. Ein brauner (bei Anwesenheit geringer Mengen amethystfarbener) Ring an der Berührungsstelle der beiden Schichten oder eine Braunfärbung der Lösung zeigt *Nitrit* an.

Störungen[2]

1. Thiocyanat, Cyanoferrat(II), Cyanoferrat(III), Chromat *[Reaktion mit dem zugefügten Eisen(II)-sulfat oder dem darin in Spuren enthaltenen oder bei der Reaktion entstehenden Eisen(III)-hydroxidsulfat: Bildung von Eisen(III)-thiocyanat, Berlinerblau, Chrom(III)-sulfat]. — Zur Beseitigung der Störung wird der Sodaauszug mit Essigsäure gegen Indicatorpapier neutralisiert. Hierauf versetzt man die Lösung mit festem Silbersulfat im Überschuß und schüttelt unter Verschluß mit dem Daumen sehr kräftig durch. Man filtriert den aus Silberthiocyanat, -cyanoferrat(II), -cyanoferrat(III), -chromat und anderen Silbersalzen bestehenden Niederschlag ab und versetzt das Filtrat zur Ausfällung des überschüssigen Silber-Ions mit Kaliumchloridlösung. Sodann wird erneut filtriert und mit dem Filtrat die Schichtprobe mit Eisen(II)-sulfat, wie angegeben, ausgeführt.*

2. Jodid, Sulfid, Thiosulfat *(Zerstörung von Nitrit beim Ansäuern des Sodaauszugs). — Die Beseitigung der Störung erfolgt wie bei Störung 1 (oben) mit Silbersulfat. — Sulfid-Ion kann auch durch Schütteln des Sodaauszugs mit Cadmiumcarbonat entfernt werden.*

3. Hypochlorit *(Oxydation des Nitrits beim Ansäuern des Sodaauszugs). — Wurde nach S. 28, Abschnitt 14, Hypochlorit in der Substanz nachgewiesen, so prüft man zunächst, ob im Sodaauszug noch Hypochlorit enthalten ist, indem man*

---

[1] Hierbei etwa ausfallendes *Bariumchlorid* kann durch etwas *Wasser* leicht in Lösung gebracht werden.

[2] *Zur Beachtung:* Die genannten Ionen wirken großenteils auch bei der Reaktion mit m-Phenylendiamin auf *Nitrit* und bei der auf S. 55, Abschnitt 18a, angegebenen Reaktion mit Eisen(II)-sulfat und konz. Schwefelsäure auf *Nitrat* störend. *Die Beseitigung der Störungen hat daher zweckmäßig in nur einer Probe zugleich für alle drei Reaktionen zu erfolgen.*

eine Probe desselben — ohne vorher anzusäuern — mit Indigocarminlösung versetzt. Tritt Entfärbung ein, so ist Hypochlorit zugegen (man beachte jedoch die auf S. 28, Abschnitt 14, angegebenen Störungen). Es wird zerstört, indem man den erhitzten Sodaauszug tropfenweise mit starker Mangan(II)-sulfatlösung versetzt. Hierbei entsteht braunes Mangandioxidhydrat. Man fährt mit dem Zusatz fort, bis der Niederschlag ausgesprochen hellere Farbe hat, erhitzt noch einige Minuten und filtriert heiß. Nach dem Erkalten prüft man, wie angegeben, auf Nitrit.

4. Sulfit *(Zerstörung von Nitrit beim Ansäuern des Sodaauszugs). — Zur Beseitigung der Störung wird der Sodaauszug mit Essigsäure gegen Indicatorpapier neutralisiert. Sodann fügt man Strontiumnitratlösung hinzu, schüttelt und filtriert von dem ausgefällten Strontiumsulfit ab. Das Filtrat versetzt man mit Natriumsulfatlösung, filtriert von dem ausgefallenen Strontiumsulfat ab und prüft, wie angegeben, auf Nitrit.*

5. Silber *[enthält der Sodaauszug Silber-Ion, so wird dieses durch das zugefügte Eisen(II)-sulfat zu metallischem Silber reduziert; dadurch Verdeckung des durch Nitrit gebildeten braunen Ringes]. — Zur Beseitigung der Störung fällt man das Silber-Ion im schwefelsauren Sodaauszug durch Kaliumchloridlösung aus und prüft im Filtrat, wie angegeben, auf Nitrit.*

Bemerkung zu Störung 1 und 2

Bei der Ausfällung störender Ionen durch Silbersulfat ist zu berücksichtigen, daß auch Silbernitrit nur im Verhältnis 1:300 in Wasser löslich ist. Die Reaktion im Filtrat von der Fällung der Silbersalze kann also auch bei Anwesenheit größerer Mengen von Nitrit nur schwach positiv ausfallen. Ist kein Chromat zugegen, sondern nur Thiocyanat, Cyanoferrat(II), Cyanoferrat(III), Jodid, Sulfid oder Thiosulfat auszufällen, so läßt sich die durch die geringe Löslichkeit des Silbernitrits bedingte Schwächung der Reaktion dadurch vermeiden, daß man die zur Fällung des überschüssigen Silber-Ions dienende Kaliumchloridlösung unmittelbar nach der Fällung der Silbersalze, also ohne vorhergehende Filtration, zugibt und kräftig schüttelt. Es wird dann Silbernitrit in Silberchlorid und leicht lösliches Kaliumnitrit übergeführt, während die übrigen störenden Ionen als Silbersalze ungelöst bleiben.

b) *Reaktion mit m-Phenylendiamin.* Der essigsaure Sodaauszug wird mit einer Lösung von m-Phenylendiaminhydrochlorid versetzt. Eine gelbe bis braune Färbung, hervorgerufen durch *Bismarckbraun*, zeigt *Nitrit* an.

Störungen

1. Jodid, Sulfid, Thiosulfat *(Reaktion mit Nitrit beim Ansäuern des Sodaauszugs). — Die Beseitigung der Störung erfolgt wie bei Störung 1 (oben) mit Silbersulfat. Hierbei ist die Bemerkung unter Abschnitt 17a (oben) zu berücksichtigen. — Sulfid-Ion kann auch durch Schütteln des Sodaauszugs mit Cadmiumcarbonat entfernt werden.*

2. Hypochlorit *(Oxydation des Nitrits beim Ansäuern des Sodaauszugs). — Zur Erkennung und Beseitigung der Störung verfährt man wie bei Störung 3 (oben) angegeben.*

3. ***Sulfit*** *(Zerstörung von Nitrit beim Ansäuern des Sodaauszugs). — Die Beseitigung der Störung erfolgt, wie bei Störung 4 (oben) angegeben, mit Strontiumnitratlösung.*

4. ***Gefärbte Stoffe,*** *z. B. Chromat (Verdeckung der durch Nitrit bedingten Gelbfärbung). — Bei Vorliegen dieser Störung beschränkt sich der Nachweis des Nitrits auf die Reaktion mit Eisen(II)-sulfat nach S. 53, Abschnitt 17a.*

5. ***Cyanoferrat(III)*** *(Bildung eines braunen Niederschlags mit m-Phenylendiamin). — Die Beseitigung der Störung erfolgt wie bei Störung 1 (oben) mit Silbersulfat. Hierbei ist die Bemerkung unter Abschnitt 17a (oben) zu berücksichtigen.*

6. ***Silber*** *(enthält der Sodaauszug Silber-Ion, so entsteht mit m-Phenylendiamin-hydrochlorid weißes Silberchlorid; dadurch Erschwerung der Erkennbarkeit der durch Nitrit hervorgerufenen Färbung). — Zur Beseitigung der Störung wird der essigsaure Sodaauszug mit überschüssiger Kaliumchloridlösung versetzt und von dem ausgefallenen Silberchlorid abfiltriert. Das Filtrat wird, wie angegeben, auf Nitrit geprüft.*

18. Prüfung auf Nitrat

a) *Reaktion mit Eisen(II)-sulfat.* Der schwefelsaure Sodaauszug[1] wird mit so viel festem Eisen(II)-sulfat versetzt, daß eine etwa halbgesättigte Lösung entsteht, und nach dem Umschwenken mit einigen Millilitern konz. Schwefelsäure unterschichtet, indem man die Säure langsam längs der Wandung des schräg gehaltenen Reagensglases herabfließen läßt. Ein brauner (bei Anwesenheit geringer Mengen amethystfarbener) Ring an der Berührungsstelle der beiden Schichten zeigt *Nitrat* an. Der Ring wird häufig erst gut erkennbar, wenn man weißes Papier hinter das Reagensglas hält und vorsichtig schüttelt.

Störungen

1. Bisweilen scheidet sich kristallines Eisen(II)-sulfat an der Schichtgrenze ab, wodurch die Erkennbarkeit des braunen Ringes erschwert werden kann. Gegebenenfalls ist der Versuch nochmals mit weniger Eisen(II)-sulfat zu wiederholen.

2. ***Nitrit*** *(ebenfalls Bildung eines braunen Ringes an der Schichtgrenze). — Zur Beseitigung der Störung wird der Sodaauszug mit dem gleichen Volumen gesättiger Harnstofflösung versetzt. Die erhaltene Lösung wird nach und nach in einige Milliliter verdünnter Schwefelsäure eingetragen, wobei man nach jeder Zugabe die Beendigung der Gasentwicklung abwartet. Man überzeugt sich davon, daß — nachdem die Gesamtmenge der Lösung zugegeben ist — die Lösung gegen Indicatorpapier sauer reagiert, und läßt dann noch einige Minuten stehen,*

---

[1] Um Nitrat in *Wismutoxidnitrat* $BiONO_3$ nachzuweisen, empfiehlt es sich — sofern die Reaktion mit dem verdünnten Sodaauszug negativ ausfällt —, den Sodaauszug ohne vorherige Verdünnung mit Wasser zu verwenden.

um die Zersetzung des Nitrits zu vervollständigen. Sodann prüft man eine Probe der Lösung durch die Schichtprobe mit Eisen(II)-sulfatlösung nach S. 53, Abschnitt 17a, auf Abwesenheit von Nitrit und führt sodann, wie angegeben, die Reaktion auf Nitrat durch. Hierbei ist zu berücksichtigen, daß Spuren von Nitrat bei der Zerstörung des Nitrits mit Harnstoff entstanden sein können. Eine sehr schwach positive Reaktion auf Nitrat ist daher nicht als Beweis für die Anwesenheit von Nitrat in der Substanz anzusehen.

3. Jodid, Bromid, Cyanoferrat(II), Cyanoferrat(III), Thiocyanat, Chromat *[Reaktion mit dem zugefügten Eisen(II)-sulfat oder dem darin in Spuren enthaltenen oder bei der Reaktion entstehenden Eisen(III)-hydroxidsulfat; Bildung von elementarem Jod und Brom an der Schichtgrenze; Bildung von Berlinerblau, Eisen(III)-thiocyanat, Chrom(III)-sulfat]. — Zur Beseitigung der Störung wird der Sodaauszug mit Essigsäure gegen Indicatorpapier neutralisiert. Hierauf versetzt man die Lösung ungeachtet einer beim Neutralisieren eingetretenen Fällung mit festem Silbersulfat im Überschuß und schüttelt unter Verschluß mit dem Daumen sehr kräftig durch. Man filtriert den aus Silberjodid, -bromid, -cyanoferrat(II), -cyanoferrat(III), -thiocyanat, -chromat und anderen Silbersalzen bestehenden Niederschlag ab und versetzt das Filtrat zur Ausfällung des überschüssigen Silber-Ions mit Kaliumchloridlösung. Sodann wird erneut filtriert und das Filtrat, wie angegeben, auf Nitrat geprüft. — Die durch Chromat bedingte Störung läßt sich vielfach schon durch bloßes Verdünnen des Sodaauszugs vermeiden.*

4. Thiosulfat, Polysulfid *(Schwefelausscheidung beim Ansäuern des Sodaauszugs; dadurch Erschwerung der Erkennbarkeit des durch Nitrat hervorgerufenen braunen Ringes). — Zur Beseitigung der Störung wird der schwefelsaure Sodaauszug mit konz. Salzsäure und etwas Zellstoffbrei kurze Zeit gekocht. Hierauf wird filtriert und das Filtrat, wie angegeben, auf Nitrat geprüft. — Die Entfernung des ausgeschiedenen Schwefels kann auch nach S. 52, Abschnitt 16, Störung 2, durch Schütteln mit Chloroform und nachfolgendes Filtrieren erfolgen. — Die Entfernung des Polysulfids kann auch nach S. 51, Abschnitt 15, Störung 2, durch Schütteln mit Cadmiumcarbonat und nachfolgendes Filtrieren erfolgen.*

5. Chlorat *(bei Anwesenheit größerer Chloratmengen Bildung von Chlordioxid an der Schichtgrenze. Bei geringen Chloratmengen gelegentlich Verhinderung der Bildung des durch Nitrat bedingten braunen Ringes). — Zur Beseitigung der Störung kocht man den schwefelsauren Sodaauszug zur Reduktion des Chlorats mit schwefliger Säure, bis das überschüssige Schwefeldioxid aus der Lösung vertrieben ist, und führt dann, wie angegeben, die Prüfung auf Nitrat durch.*

6. Silber. *Bezüglich Ursache und Beseitigung der Störung vgl. S. 54, Abschnitt 17a, Störung 5.*

b) *Reaktion mit* DEVARD*scher Legierung.* Der Sodaauszug oder die wäßrige Aufschwemmung der Substanz wird mit *Natronlauge* und DEVARD*scher Legierung* oder *Zinkstaub* versetzt und einige Zeit zum Sieden erhitzt. Geruch der entweichenden Dämpfe nach *Ammoniak* zeigt Nitrat an.

Störungen

1. ***Nitrit*** *(Entwicklung von Ammoniak wie bei Nitrat). — Bei Vorliegen dieser Störung beschränkt sich der Nachweis des Nitrats auf die Reaktion mit Eisen(II)-sulfat nach Abschnitt 18a.*

2. ***Ammonium*** *(Entweichen von Ammoniakdämpfen beim Kochen der alkalischen Lösung). — Zur Beseitigung der Störung wird die mit Alkalilauge versetzte Aufschwemmung der Substanz vor Zugabe der* DEVARDA*schen Legierung oder des Zinkstaubs bis zur vollständigen Entfernung des Ammoniaks gekocht.*

C. Prüfung auf Metalle (Kationen)

Auflösung der Substanz

Das zur Auflösung dienende Verfahren hat sich jeweils nach dem Verhalten der Substanz gegenüber Lösungsmitteln zu richten. Liegen Stoffgemische vor, die zu einem nennenswerten Teil in *Salzsäure* oder *Königswasser* löslich sind, so sind diese beiden Lösungsmittel zu verwenden. Es ist dies der Fall bei den meisten im Praktikum ausgegebenen Übungsanalysen, bei manchen Legierungen und Gesteinen sowie bei zahlreichen Aufgaben der Praxis.

Sind Legierungen (bzw. Metalle) oder Gesteine zu untersuchen, die von Salzsäure und Königswasser nicht oder kaum angegriffen werden, so läßt sich häufig die Auflösung durch Salpetersäure bewirken.

Viele Gesteine und manche Legierungen sowie manche technische Produkte werden weder von Salzsäure noch von Salpetersäure oder Königswasser angegriffen. Die Auflösung solcher Stoffe ist erst möglich, nachdem sie durch geeignete Aufschlußverfahren in lösliche Verbindungen übergeführt worden sind. Die hierbei anzuwendenden Aufschlußverfahren sind vielfach identisch mit den in Abschnitt 3 (S. 102) beschriebenen Aufschlußverfahren zur Untersuchung des unlöslichen Rückstandes. Bezüglich weiterer für die technische Analyse (Gesteinsanalyse, Legierungsanalyse u. dgl.) in Frage kommender Aufschlußverfahren sei auf das einschlägige Schrifttum verwiesen.

a) Auflösung in Salzsäure und Königswasser (insbesondere anzuwenden bei Übungsanalysen)

Etwa 0,5 g Substanz werden in einem Reagensglas mit 10 ml verdünnter Salzsäure versetzt und einige Minuten bis fast zum Sieden erwärmt. Ist hierbei ein unlöslicher Rückstand verblieben, so läßt man ihn absitzen und dekantiert dann die überstehende Flüssigkeit, ohne den Rückstand aufzuwirbeln, durch ein Filter. Das Filtrat wird in einem Erlenmeyerkolben aufgefangen und einstweilen beiseite gestellt. — Der Rückstand wird sodann nochmals mit einigen Millilitern Königswasser (3 Teile konz. Salzsäure + 1 Teil konz. Salpetersäure) versetzt und unter wiederholtem Erwärmen (nicht kochen!) und

Umschütteln etwa 10 Minuten stehen gelassen. Hieraus wird die Mischung nochmals kurze Zeit zum Sieden erhitzt (*Abzug!*), verdünnt, von dem verbliebenen oder neu gebildeten[1] Rückstand unter Verwendung des bei der ersten Filtration benützten Filters abfiltriert und mit heißem Wasser einmal ausgewaschen. Das Filtrat wird nunmehr bis fast zur Trockene eingedampft und sodann nochmals mit einigen Millilitern konz. Salzsäure abgeraucht, wobei zu vermeiden ist, daß die Lösung völlig eintrocknet (Gefahr der Verflüchtigung von Quecksilberverbindungen). Der Abdampfrückstand wird schließlich mit der mit verdünnter Salzsäure erhaltenen Lösung vereinigt und gemeinsam untersucht.

Die *Untersuchung des unlöslichen Rückstands* erfolgt nach S. 96, Abschnitt II. Hierfür empfiehlt es sich, eine größere Menge gesondert herzustellen. Der im vorliegenden Abschnitt bei der Auflösung der Substanz anfallende unlösliche Rückstand kann dann vernachlässigt werden.

Hinweis. Zur Zeitersparnis ist es angezeigt, die Herstellung und Untersuchung des unlöslichen Rückstands schon während der Prüfung der salzsauren Lösung auf Kationen in Angriff zu nehmen, da sonst ungenutzte Wartezeiten entstehen würden.

Störungen

*1. **Schwefel, Phosphor** [größere Mengen Schwefel und Phosphor lösen sich nur langsam in Königswasser. Elementarer Schwefel (auch aus Sulfid, Thiosulfat oder Thiocyanat entstandener Schwefel) scheidet sich dabei häufig in Form geschmolzener, an der Oberfläche schwimmender gelber bis brauner Tropfen ab]. — Man setzt gegebenenfalls die Behandlung längere Zeit fort oder behandelt den mit Königswasser verbliebenen unlöslichen Rückstand nochmals in der Hitze mit konz. Salpetersäure. — Größere Mengen Schwefel lassen sich auch durch vorhergehende Extraktion der Substanz mit Kohlendisulfid entfernen.*

*2. **Cyanoferrat(II), Cyanoferrat(III)** (Spaltung des Komplex-Ions beim Kochen mit Salzsäure, hierdurch Bildung von Berlinerblau, welches teilweise kolloid in Lösung verbleiben kann und durch seine Färbung bei der weiteren Untersuchung störend wirken würde). — Bei Anwesenheit von Cyanoferrat(II) oder Cyanoferrat(III) (nachgewiesen im Sodaauszug) empfiehlt es sich, die Behandlung mit verdünnter Salzsäure nicht in der Hitze, sondern in der Kälte vorzunehmen, indem man die angegebene Substanzmenge einige Minuten mit 10 ml kalter verdünnter Salzsäure digeriert, sodann dekantiert und den verbliebenen Rückstand, wie angegeben, mit Königswasser weiterbehandelt. Bei dieser Arbeitsweise wird eine Spaltung des Cyanoferrat(II)- und Cyanoferrat(III)-komplexes vermieden.*

---

[1] An dieser Stelle können *Silberchlorid* und *Blei(II)-chlorid* ausfallen, die in Königswasser merklich löslich sind.

b) Auflösung in Salpetersäure
(insbesondere anzuwenden bei Metallen und Legierungen)

Etwa 0,3 g Substanz werden in einem Reagensglas mit 5 bis 10 ml konz. Salpetersäure versetzt und so lang gelinde erwärmt (*Abzug!*), bis keine Einwirkung der Säure (Blasenbildung) mehr wahrgenommen wird. Hierauf wird verdünnt und von dem unlöslich verbliebenen Rückstand abfiltriert. Das Filtrat wird sodann stark eingedampft und mehrmals mit einigen Millilitern konz. Salzsäure abgeraucht, wobei zu vermeiden ist, daß die Lösung vollkommen eintrocknet. Der so erhaltene Abdampfrückstand wird schließlich mit 10 ml verdünnter Salzsäure aufgenommen.

Die *Untersuchung des unlöslichen Rückstands* erfolgt nach S. 96, Abschnitt II. Hierfür empfiehlt es sich, eine größere Menge gesondert herzustellen. Der im vorliegenden Abschnitt bei der Auflösung der Substanz anfallende unlösliche Rückstand kann dann vernachlässigt werden.

Hinweis. Zur Zeitersparnis ist es angezeigt, die Herstellung und Untersuchung des unlöslichen Rückstandes schon während der Prüfung der salzsauren Lösung auf Kationen in Angriff zu nehmen, da sonst ungenutzte Wartezeiten entstehen würden.

I. Untersuchung der salzsauren Lösung der Substanz

1. Schwefelwasserstoffgruppe

A. Ausfällung mit Schwefelwasserstoff

Die Ausfällung der Metalle der Schwefelwasserstoffgruppe kann durch Einleiten von gasförmigem Schwefelwasserstoff oder durch Zugabe von Schwefelwasserstoffwasser erfolgen. Das letztgenannte Verfahren ist — sofern Arsen und Cadmium abwesend sind — einfacher zu handhaben und führt rascher zum Ziel; es ist aber etwas weniger zuverlässig als die Fällung durch Einleiten von Schwefelwasserstoff, die dafür den Nachteil einer größeren Umständlichkeit besitzt und meist mehr Zeit in Anspruch nimmt. In der Folge sind beide Verfahren nebeneinander beschrieben, so daß eine dem Zweck entsprechende Wahl getroffen werden kann.

Es wird sich im allgemeinen empfehlen, bei Übungsanalysen die Fällung durch *Einleiten von Schwefelwasserstoff* vorzunehmen, während in anderen Fällen die Verwendung von *Schwefelwasserstoffwasser* Vorzüge bieten kann.

a) Ausfällung durch Einleiten von Schwefelwasserstoff[1]

Die nach S. 57 erhaltene salzsaure Lösung der Substanz, deren Volumen 10 ml und deren Chlorwasserstoffgehalt etwa 12,5% beträgt, wird mit 30 ml Wasser versetzt, so daß eine etwa 3% HCl enthaltende Lösung entsteht. Hierauf erwärmt man die erhaltene Lösung unbeschadet eines etwa entstandenen Niederschlags, der aus *basischen Salzen* oder *Blei(II)-chlorid* bestehen kann, in einem weithalsigen Erlenmeyerkolben von 100 ml Fassungsvermögen[2] auf etwa 80—90° C. Der Kolben wird nun mit einem doppelt durchbohrten und mit zwei Glasrohren versehenen Gummistopfen verschlossen, von denen das eine oben rechtwinkelig gebogen und unten zu einer Spitze ausgezogen ist, die bis nahe an den Kolbenboden heranreicht, während das zweite knapp unter dem Stopfen endet und oben einen kurzen Gummischlauch mit Quetschhahn trägt. Man leitet zunächst bei geöffnetem Quetschhahn langsam Schwefelwasserstoff in die heiße Flüssigkeit ein, bis die Hauptmenge der Luft aus dem Kolben verdrängt ist (etwa 1 Minute), und schließt nunmehr den Quetschhahn. Hierauf leitet man unter Schütteln des Kolbens und gelegentlichem kurzem Öffnen des Quetschhahns noch weiterhin etwa 5 Minuten Schwefelwasserstoff ein. Entsteht hierbei ein Niederschlag, so ist das Einleiten so lang fortzusetzen, bis die zwischen den Flocken des Niederschlags befindliche Flüssigkeit völlig klar geworden ist und der Niederschlag sich rasch in groben Flocken zu Boden setzt. Sodann verdünnt man, ohne zu filtrieren, mit heißem Wasser auf das doppelte Volumen und leitet dann nochmals in gleicher Weise Schwefelwasserstoff ein. Die Dauer des Einleitens beträgt insgesamt etwa 20 Minuten.

Der erhaltene *Niederschlag* wird sofort abfiltriert, mit heißem Wasser gründlich ausgewaschen und nach S. 63, Abschnitt B, weiterbehandelt.

---

[1] Neben dem hier beschriebenen Verfahren des *Einleitens von Schwefelwasserstoff in einen verschlossenen Kolben* findet sich auch ein Verfahren häufig im Gebrauch, bei welchem das Gas in langsamem Strom in die in einem *offenen Gefäß* befindliche Flüssigkeit eingeleitet wird. Dieses Verfahren besitzt jedoch den Nachteil eines erheblich höheren Verbrauchs an Schwefelwasserstoff und einer dementsprechenden Geruchsbelästigung im Laboratorium.

[2] Das Einleiten kann auch unter Verwendung eines *enghalsigen Erlenmeyerkolbens von 200 ml Fassungsvermögen* erfolgen.

Das Filtrat (ohne die Waschwässer) wird auf Vollständigkeit der Fällung geprüft, indem man eine Probe von etwa 10 ml in einem Reagensglas[1] nochmals mit 5—8 ml Wasser verdünnt, zum Sieden erhitzt und wiederum Schwefelwasserstoff einleitet. Hierbei darf keine Fällung oder Trübung mehr eintreten. Die Probe wird sodann wieder mit der Hauptmenge des Filtrates vereinigt.

Das Filtrat enthält alle Kationen mit Ausnahme der Metalle der Schwefelwasserstoffgruppe und wird nach S. 72, Abschnitt 2, weiterbehandelt.

Bemerkung

Bei Anwesenheit oxydierender Stoffe findet oft eine Oxydation des Schwefelwasserstoffs unter Abscheidung von elementarem Schwefel statt. Hierdurch wird jedoch keine Störung bei der weiteren Untersuchung der Schwefelwasserstoffällung hervorgerufen. Besteht die Schwefelwasserstoffällung nur aus feinverteiltem gelblich-weißen Schwefel, so unterbleibt ihre weitere Untersuchung. Auch Sulfit kann eine ähnliche Abscheidung von elementarem Schwefel veranlassen.

Störung

Arsen, Cadmium *(Verzögerung der Ausfällung). — Die Störung wird daran erkannt, daß beim Eindampfen des Filtrats von der Schwefelwasserstoffgruppe eine nachträgliche Ausfällung von gelben Arsensulfiden bzw. von gelbem Cadmiumsulfid eintritt. Außerdem bildet sich gelegentlich schon beim Einleiten — sofern andere Elemente der Schwefelwasserstoffgruppe abwesend sind — eine äußerst feinverteilte gelbe Fällung von Arsensulfiden bzw. Cadmiumsulfid, die sich schwer zu Boden setzt. Liegen Anzeichen für diese Störung vor, so ist das Einleiten zur völligen Abscheidung des Arsens und Cadmiums längere Zeit (bis zu 1 Stunde) fortzusetzen.*

b) Ausfällung mit Schwefelwasserstoffwasser

Die nach S. 57 erhaltene salzsaure Lösung der Substanz, deren Volumen 10 ml und deren Chlorwasserstoffgehalt etwa 12,5% beträgt, wird in einem Erlenmeyerkolben von 200 ml Fassungsvermögen zum Sieden erhitzt und in Anteilen von etwa 10—15 ml mit gesättigtem Schwefelwasserstoffwasser[2] (aus einem Meßzylinder zuzugeben) versetzt, wobei jedesmal kräftig geschüttelt und mitunter von neuem erwärmt wird[3]. Sind

[1] Beim Einleiten von Schwefelwasserstoff stellt man das Reagensglas in einen passenden Erlenmeyerkolben.

[2] *Schwefelwasserstoffwasser* wird hergestellt durch Einleiten von Schwefelwasserstoff in Wasser. Es ist nur in luftfrei gefüllten Gefäßen längere Zeit haltbar. In offenen Gefäßen oder bei Anwesenheit eines Luftraumes in den mit Schwefelwasserstoffwasser gefüllten Flaschen nimmt der Gehalt infolge Oxydation des Schwefelwasserstoffs rasch ab.

[3] Es genügt, auf etwa 60—80° C zu erwärmen. Nach Zugabe der letzten Anteile von Schwefelwasserstoffwasser darf nicht mehr erwärmt werden, da sonst die Gefahr besteht, daß Schwefelwasserstoff ausgetrieben wird und dann ein Teil der Fällung wieder in Lösung geht.

etwa 50 ml Schwefelwasserstoffwasser hinzugefügt, so läßt man absitzen oder filtriert eine kleine Probe der Mischung und prüft durch weiteren Zusatz von Schwefelwasserstoffwasser auf Vollständigkeit der Fällung[1]. Das Ende der Fällung erkennt man an dem Ausbleiben einer Trübung bei weiterer Zugabe von Schwefelwasserstoffwasser und an dem bestehenbleibenden starken Geruch nach Schwefelwasserstoff. Der Gesamtverbrauch an Schwefelwasserstoffwasser soll nicht über 120—140 ml[2] betragen, da sonst die Gefahr besteht, daß der Gehalt an Salzsäure in der Lösung zu gering wird und dann Sulfide der Ammoniumsulfidgruppe mit ausfallen[3]. Ist nach Zugabe von 140 ml Schwefelwasserstoffwasser die Abscheidung der Schwefelwasserstoffgruppe noch nicht vollständig, so beendet man die Ausfällung nach nochmaliger Erwärmung der Lösung durch Einleiten von Schwefelwasserstoff.

Der nach Beendigung der Fällung erhaltene *Niederschlag* wird sofort abfiltriert, mit heißem Wasser gründlich ausgewaschen und nach S. 63, Abschnitt B, weiterbehandelt.

Das **Filtrat** enthält alle Kationen mit Ausnahme der Metalle der Schwefelwasserstoffgruppe und wird nach S. 72, Abschnitt 2, weiterbehandelt.

Bemerkungen

1. Bei Anwesenheit oxydierender Stoffe findet oft eine Oxydation des Schwefelwasserstoffs unter Abscheidung von elementarem Schwefel statt. Hierdurch wird jedoch keine Störung bei der weiteren Untersuchung der Schwefelwasserstoffällung hervorgerufen. Besteht die Schwefelwasserstoffällung nur aus

---

[1] Die Probe wird nach Ausführung der Reaktion wieder mit der Hauptmenge vereinigt.

[2] Bei Anwendung von *10 ml Ausgangslösung mit einem HCl-Gehalt von 12,5%* beträgt der Gehalt der Lösung an HCl nach Zugabe von 140 ml Schwefelwasserstoffwasser etwa 0,8%. Dieser Gehalt stellt die unterste Grenze dar, bis zu der gegangen werden darf.

[3] Beim Vermischen der Ausgangslösung, deren HCl-Gehalt 12,5% beträgt, mit steigenden Mengen Schwefelwasserstoffwasser nimmt der *HCl-Gehalt* in der zu Ende erhaltenen Lösung in folgender Weise ab:

10 ml Ausgangslösung + 50 ml Schwefelwasserstoffwasser = etwa 2,1% HCl
10 ml Ausgangslösung + 75 ml Schwefelwasserstoffwasser = etwa 1,5% HCl
10 ml Ausgangslösung + 100 ml Schwefelwasserstoffwasser = etwa 1,1% HCl
10 ml Ausgangslösung + 115 ml Schwefelwasserstoffwasser = etwa 1,0% HCl
10 ml Ausgangslösung + 120 ml Schwefelwasserstoffwasser = etwa 0,96% HCl
10 ml Ausgangslösung + 140 ml Schwefelwasserstoffwasser = etwa 0,83% HCl

feinverteiltem gelblich-weißen Schwefel, so unterbleibt ihre weitere Untersuchung. Auch Sulfit kann eine ähnliche Abscheidung von elementarem Schwefel veranlassen.

2. *Tritt mit Schwefelwasserstoffwasser überhaupt keine Fällung ein oder ist diese schon nach Zugabe der ersten Anteile beendet, so versetzt man gesondert eine kleine — nötigenfalls filtrierte — Probe der Lösung mit einem größeren Überschuß an Schwefelwasserstoffwasser, so daß die erhaltene Probe etwa 0,8—1% Salzsäure enthält, und beobachtet, ob jetzt eine Fällung stattfindet*[1]. *Ist dies der Fall, so wird die Gesamtmenge der Lösung in gleicher Weise behandelt. Tritt dagegen keine Fällung ein, so behandelt man die Lösung bzw. das Filtrat von der Schwefelwasserstoffällung nach S. 72, Abschnitt 2, weiter.*

Störung

Arsen, Cadmium *(Verzögerung der Ausfällung). — Die Störung wird daran erkannt, daß beim Eindampfen des Filtrats von der Schwefelwasserstoffgruppe eine nachträgliche Ausfällung von gelben Arsensulfiden bzw. gelbem Cadmiumsulfid eintritt. In diesem Fall dampft man die Lösung — unbeschadet einer eintretenden Fällung — auf ein kleines Volumen (etwa 5 ml) ein, versetzt nochmals mit etwa 60 ml Schwefelwasserstoffwasser, erwärmt die Lösung und filtriert den entstandenen Niederschlag ab. Das Filtrat wird abermals eingedampft und so oft in der gleichen Weise behandelt, bis beim Eindampfen keine Trübung mehr entsteht (meist genügt 2—3malige Wiederholung).*

Die Nachfällung der Arsensulfide bzw. des Cadmiumsulfids kann vernachlässigt werden, da die Hauptmenge der beiden Elemente, die für den analytischen Nachweis völlig ausreicht, sich stets bei dem unmittelbar mit Schwefelwasserstoffwasser erhaltenen Hauptniederschlag befindet. Die vollständige Ausfällung des Arsens und Cadmiums ist aber notwendig, um Störungen bei der weiteren Untersuchung des Filtrats zu vermeiden.

B. Untersuchung der Schwefelwasserstoffällung

Bei der Fällung mit Schwefelwasserstoff können folgende Niederschläge entstehen:

Arsen(III)-sulfid	As_2S_3	gelb,
Arsen(V)-sulfid	As_2S_5	gelb,
Antimon(III)-sulfid . . .	Sb_2S_3	orangefarben oder grau-schwarz,
Antimon(V)-sulfid	Sb_2S_5	orangefarben,
Zinn(II)-sulfid	SnS	braun-schwarz,
Zinndisulfid	SnS_2	gelb,
Quecksilber(II)-sulfid . . .	HgS	schwarz,
Quecksilber(II)-thiochloride	z.B. $2\,HgS \cdot HgCl_2$	weiß, gelb, orangefarben, braun; bei weiterer Einwirkung von Schwefelwasserstoff in *Quecksilber(II)-sulfid* übergehend,

[1] Manche *Sulfide der Schwefelwasserstoffgruppe* sind so säureempfindlich, daß sie erst bei starker Verdünnung ausfallen.

Blei(II)-sulfid	PbS	schwarz,
Blei(II)-thiochlorid	$PbS \cdot PbCl_2$ . .	orangefarben; bei weiterer Einwirkung von Schwefelwasserstoff in *Blei(II)-sulfid* übergehend,
Wismutsulfid	Bi_2S_3	braun,
Kupfer(II)-sulfid	CuS	grün-schwarz
Cadmiumsulfid	CdS	gelb bis braun,
Schwefel	S	weißlich-gelb, manchmal bläulich durchscheinend.

Der in der einen oder anderen Weise mit Schwefelwasserstoff erhaltene Niederschlag wird — falls genügende Mengen vorliegen — vom Filter abgehoben und in einem Reagensglas unter gelindem Erwärmen (etwa 50° C) einige Minuten mit *gelbem* **Ammoniumsulfid**[1] behandelt. Hierbei wird der Niederschlag mit einem Glasstab zerdrückt und die Mischung häufig umgerührt. Der unlösliche Rückstand wird sodann abfiltriert, mit heißem Wasser gründlich ausgewaschen und nach S. 68, Abschnitt b, untersucht. Das Filtrat, welches durch einen Überschuß an Polysulfid-Ion gelb gefärbt sein muß, wird, wie folgt, behandelt.

Liegen nur geringe Mengen Niederschlag vor, so digeriert man ihn unter „Hin- und Herfiltrieren" am Filter gründlich mit Ammoniumsulfid.

a) Untersuchung des Filtrats [As, Sn, Sb, (Cu)]

Das Filtrat, welches *Arsen*, *Antimon* und *Zinn* als *Thiosalze* sowie in geringer Menge *Kupfer* enthalten kann, wird mit der gleichen bis doppelten Menge Wasser verdünnt und mit **verdünnter Salzsäure**[2] schwach[3] angesäuert (*Abzug!*). Hierdurch werden Arsen, Antimon, Zinn und Kupfer als unlösliche *Sulfide* ausgefällt und gleichzeitig wird das überschüssige *Polysulfid-Ion* unter Abscheidung von *elementarem Schwefel* zersetzt.

Fällt an dieser Stelle nur **Schwefel** aus — erkennbar an der **feinen Verteilung** und **weißlichen Farbe** —, so sind *Arsen, Antimon* und *Zinn* nicht zugegen, und die weitere Untersuchung hierauf kann unterbleiben.

---

[1] In *farblosem Ammoniumsulfid* ist *Zinn(II)-sulfid* nicht löslich.

[2] Die Salzsäure ist aus einem **Reagensglas**, nicht aus der Vorratsflasche zuzugeben, da sonst eine Verunreinigung durch den entweichenden Schwefelwasserstoff unvermeidlich ist.

[3] Verwendet man zuviel Salzsäure, so besteht die Möglichkeit, daß das ausgefällte *Zinndisulfid* wieder in Lösung geht.

Der Niederschlag wird abfiltriert, mit heißem Wasser gründlich ausgewaschen (Filtrat und Waschwässer sind zu vernachlässigen) und vom Filter abgehoben. Sodann versetzt man ihn im Reagensglas mit einigen Millilitern gesättigter Ammoniumcarbonatlösung, zerteilt ihn sorgfältig mit einem Glasstab und erwärmt einige Minuten gelinde (etwa 50° C). Hierbei geht *Arsensulfid* in Lösung, während *Antimon-*, *Zinn-* und *Kupfersulfid* unlöslich verbleiben. Man filtriert, wäscht gründlich aus und weist in der Lösung Arsen nach. Der Rückstand wird, wie auf S. 66 angegeben, weiterbehandelt.

α) Nachweis von Arsen

In einer Probe des vorstehend erhaltenen Filtrats prüft man durch Ansäuern mit Salzsäure, ob *Thioarsenat* vorliegt. Tritt keine Fällung ein, so ist Arsen abwesend, und die weitere Prüfung hierauf kann unterbleiben. Andernfalls verfährt man wie folgt.

Das Filtrat wird mit einigen Tropfen 30%iger Wasserstoffperoxidlösung versetzt und zum Sieden erhitzt. Man überzeugt sich davon, daß eine Probe der Lösung beim Ansäuern keine Fällung mehr gibt. Die Lösung enthält dann alles Arsen als *Arsenat*. Man filtriert nötigenfalls von nicht gelöstem Schwefel ab und kocht die Lösung noch kurze Zeit zur Beseitigung der Hauptmenge des überschüssigen Wasserstoffperoxids. Sodann säuert man mit Salzsäure an, fügt Magnesiumchloridlösung hinzu und versetzt schließlich in kleinen Anteilen mit Ammoniak bis zur alkalischen Reaktion. Bei Anwesenheit von *Arsen* entsteht eine weiße kristalline Fällung von *Ammoniummagnesiumarsenat*. Sind nur geringe Mengen zugegen, so tritt die Fällung erst allmählich ein.

Identifizierung

α) *Kristallform*. Unter dem Mikroskop sind sargdeckelförmige oder sternförmige Kristalle erkennbar. In Zweifelsfällen ist umzukristallisieren, indem man den abfiltrierten Niederschlag mit wenig verdünnter Salzsäure vom Filter löst, mit 1 Tropfen Magnesiumchloridlösung versetzt und wiederum, wie angegeben, mit Ammoniak fällt.

β) *Reaktion mit Ammoniummolybdat*[1]. Die mit Magnesiumchlorid und Ammoniak erhaltene Fällung wird abfiltriert, aus-

[1] Probe β ist nur auszuführen, wenn unter dem Mikroskop keine für Arsen charakteristischen Kristalle erkennbar sind.

gewaschen, in verdünnter Salpetersäure gelöst, mit Ammoniummolybdatlösung versetzt und zum beginnenden Sieden erhitzt. Eine gelbe kristalline Fällung von *Ammonium-molybdatoarsenat* zeigt *Arsen* an.

Störung

Zinndioxid, Metazinnsäure *[bei Anwesenheit der genannten Verbindungen in der Substanz können Arsenverbindungen, insbesondere Arsenat, bei der Behandlung der Substanz mit verdünnter Salzsäure und Königswasser unlöslich verbleiben und dadurch — bei Anwesenheit nur geringer Mengen — dem Nachweis entgehen (selten)]. — Ist mit dieser Störung zu rechnen, so prüft man nach S. 106, Abschnitt c, Bemerkung, im unlöslichen Rückstand auf Arsen (bei Übungsanalysen im allgemeinen nicht erforderlich).*

Behandlung des in Ammoniumcarbonat unlöslichen Rückstands [Sn, Sb, (Cu)]

Der in Ammoniumcarbonat unlösliche Rückstand, der *Antimonsulfid*, *Zinnsulfid* und geringe Mengen *Kupfersulfid* enthalten kann, wird nach Durchstoßen des Filters mit Wasser in ein Reagensglas gespült und sodann nach Abgießen des überstehenden Wassers in heißer konz. Salzsäure gelöst (*Abzug!*). Man filtriert — nach Verdünnen mit Wasser — von dem nicht gelösten, meist kugelförmig zusammengeballten *Schwefel* ab, dampft das Filtrat zur Entfernung des Schwefelwasserstoffs und der Hauptmenge der Salzsäure auf etwa 1 ml ein, verdünnt mit dem doppelten bis dreifachen Volumen Wasser und gibt 1—2 Stücke metallisches Zink in die Lösung. Man läßt die Lösung nunmehr einige Stunden (wenn möglich über Nacht) stehen, bis die Wasserstoffentwicklung nahezu beendet und die Salzsäure zum größten Teil verbraucht ist (Überschuß an *Zink!*). Hierauf nimmt man die Zinkstücke aus der Lösung, filtriert die abgeschiedenen Metalle *Antimon*, *Zinn* und *Kupfer* ab, wäscht mit Wasser aus und spült dann die Metalle nach Durchstoßen des Filters mit Wasser in ein Reagensglas. Nach Abgießen des überstehenden Wassers behandelt man den Niederschlag in der Kälte mit wenig konz. Salzsäure, um das metallische *Zinn* als *Zinn(II)-chlorid* in Lösung zu bringen. Hierauf wird (nach Verdünnen) nochmals filtriert und das Filtrat, wie folgt, auf *Zinn* geprüft[1].

[1] Die Trennung von *Antimon* und *Zinn* kann auch erfolgen, indem man in die schwach salzsaure Lösung der Sulfide an Stelle des Zinks einen blanken *Eisennagel* bringt und die Probe einige Zeit bei gewöhnlicher Temperatur sich

Der in konz. Salzsäure unlösliche Rückstand wird nach Abschnitt γ und δ (unten) auf *Antimon* und *Kupfer* untersucht.

β) Nachweis von Zinn

Die, wie vorstehend beschrieben, erhaltene salzsaure Lösung wird mit Quecksilber(II)-chloridlösung versetzt. Ein weißer, bei Anwesenheit größerer Mengen Zinn allmählich grau werdender Niederschlag von *Quecksilber(I)-chlorid* bzw. *metallischem Quecksilber* zeigt *Zinn* an.

Bemerkung

Bei der Behandlung der salzsauren Lösung mit metallischem Zink kann bisweilen auch etwas Zink in Form schwarzer Flocken auftreten, welches von den Abscheidungen von Antimon, Zinn und Kupfer äußerlich nicht unterschieden werden kann. Das abgelöste metallische Zink geht mit Salzsäure in Lösung. Es tritt aber bei der Prüfung auf Zinn mit Quecksilber(II)-chlorid nicht in Erscheinung.

γ) Nachweis von Antimon

Der nach S. 66 (unten) erhaltene, in konz. Salzsäure unlösliche Rückstand von *metallischem Antimon*, der auch geringe Mengen von *Kupfer* enthalten kann, wird nach Durchstoßen des Filters mit wenigen Tropfen Wasser in ein Reagensglas gespült, mit dem gleichen Volumen konz. Salpetersäure versetzt, so daß eine etwa 34% Salpetersäure enthaltende Lösung entsteht, und 1—2 Minuten gekocht. Bei Anwesenheit von *Antimon* entsteht entweder sofort oder beim Erkalten ein weißer Niederschlag von *Antimonsäure*, während das etwa vorliegende *Kupfer* in Lösung geht. Man filtriert ab, wäscht mit kaltem Wasser aus und identifiziert das Antimon, wie nachfolgend beschrieben.

Das **Filtrat** wird nach Abschnitt δ (unten) auf *Kupfer* geprüft.

Identifizierung. Die auf dem Filter befindliche Fällung von *Antimonsäure* wird in verdünnter Salzsäure gelöst und mit Schwefelwasserstoffwasser versetzt. Ein orangefarbener Niederschlag von *Antimonsulfid* zeigt *Antimon* an.

---

selbst überläßt. Hierbei scheidet sich *Antimon* als schwarzer Überzug oder in Form von Flocken ab. Man löst den abgetrennten Niederschlag nach Abschnitt γ (diese Seite) auf und prüft auf Antimon. — In der vom Antimon befreiten Lösung, die Zinn als *Zinn(II)-chlorid* enthält, erfolgt der Nachweis des *Zinns* nach Abschnitt β (diese Seite).

An Stelle der Zugabe von Schwefelwasserstoffwasser kann auch gasförmiger Schwefelwasserstoff in die auf das doppelte Volumen verdünnte Lösung eingeleitet werden.

δ) Nachweis von Kupfer

Bei Anwesenheit von Kupfer enthält die nach Abschnitt γ (oben) erhaltene salpetersaure Lösung meist geringe Mengen Kupfer, da Kupfersulfid in Ammoniumsulfid etwas löslich ist. Trotzdem das Kupfer im Analysengang eigentlich an anderer Stelle nachzuweisen ist, muß auch hier auf Kupfer geprüft werden, da unter Umständen alles Kupfer mit Ammoniumsulfid in Lösung gehen kann und daher sonst dem Nachweis entgehen würde.

Zu diesem Zweck wird die salpetersaure Lösung mit Ammoniak bis zur alkalischen Reaktion versetzt. Eine Blaufärbung, hervorgerufen durch *Tetramminkupfer(II)-Ion*, zeigt *Kupfer* an.

b) Untersuchung des Rückstands (HgS, PbS, CuS, Bi_2S_3, CdS)

Der nach S. 64, Abschnitt B, erhaltene, in Ammoniumsulfid unlösliche Rückstand wird nach Durchstoßen des Filters mit Wasser in ein Reagensglas gespült und mit dem gleichen Volumen konz. Salpetersäure versetzt, so daß die entstehende Lösung etwa 34% Salpetersäure enthält. Die Mischung wird sodann einige Minuten bis fast zum Sieden erwärmt. Ist die Menge des Niederschlags nur gering, so kann derselbe auch direkt vom Filter gelöst werden, indem man mehrmals mit heißer Salpetersäure (1:1) „hin- und herfiltriert". Der verbliebene Rückstand, der *Quecksilber(II)-sulfid* enthält und stets durch *Schwefel* verunreinigt ist, wird abfiltriert, mit heißem Wasser ausgewaschen und, wie folgt, auf *Quecksilber* geprüft.

Das **Filtrat** wird nach Abschnitt β (unten) weiterbehandelt.

α) Nachweis von Quecksilber

Der abfiltrierte und ausgewaschene Rückstand wird mit einer Lösung von Kaliumchlorat in heißer verdünnter Salzsäure, die durch gelöstes *Chlor* gelb-grün gefärbt ist, vom Filter gelöst. Man dampft dann die Lösung zur Vertreibung des überschüssigen Chlors stark ein, verdünnt mit etwas Wasser und fügt Zinn(II)-chloridlösung zu. Eine weiße Fällung von *Quecksilber(I)-chlorid*, die sich allmählich unter Bildung von *metallischem Quecksilber* grau färbt, zeigt *Quecksilber* an.

Störung

Zinn(II)-chlorid wird bei längerem Stehen durch den Luftsauerstoff zu Zinn(IV)-chlorid oxydiert, welches keine reduzierenden Eigenschaften besitzt und daher wirkungslos ist. Man prüfe bei negativem Ausfall der Reaktion die Zinn(II)-chloridlösung durch Zugabe von Quecksilber(II)-chloridlösung und verdünnter Salzsäure auf Zinn(II)-Ion.

β) Nachweis von Blei

Das oben erhaltene Filtrat, welches die *Nitrate* von *Blei, Kupfer, Wismut* und *Cadmium* enthält, wird mit etwa 2 ml konz. Schwefelsäure versetzt und in einer Abdampfschale bis zum Auftreten weißer *Schwefelsäurenebel* eingedampft. Nach dem Erkalten wird mit der doppelten Menge Wasser verdünnt. Ein weißer kristalliner Niederschlag von *Blei(II)-sulfat* zeigt *Blei* an.

Identifizierung. Der Niederschlag wird abfiltriert, gründlich ausgewaschen und mit Natronlauge vom Filter gelöst. Die Lösung wird mit Ammoniumsulfid versetzt. Eine schwarze Fällung von *Blei(II)-sulfid* zeigt *Blei* an.

Störungen

1. Bei ungenügendem Abrauchen mit Schwefelsäure ist die Fällung des Bleis unvollständig. Der in Lösung verbleibende Anteil kann dann bei der weiteren Untersuchung, insbesondere beim Nachweis des Cadmiums, Störungen verursachen. Man achte aus diesem Grunde besonders darauf, daß das Abrauchen nicht vorzeitig abgebrochen wird und daß die zu Ende erhaltene Lösung die Viscosität der konz. Schwefelsäure besitzt. Im Zweifelsfall setze man, um sicher zu gehen, das Eindampfen entsprechend lang — jedoch nicht bis zur Trockene — fort.

2. ***Wismut*** *[Ausfällung von weißem Wismutsulfat beim Abrauchen mit Schwefelsäure; dadurch Vortäuschung von Blei(II)-sulfat]. — Wismutsulfat löst sich zum Unterschied von Blei(II)-sulfat nicht in Natronlauge und tritt daher bei der Identifizierung nicht in Erscheinung. — Verbleibt bei der Behandlung mit Natronlauge ein weißer unlöslicher Rückstand, so ist dieser nach dem Auswaschen in verdünnter Salzsäure zu lösen und mit dem schwefelsauren Filtrat von der Blei(II)-sulfatfällung zu vereinigen, da sonst Wismut dem Nachweis entgehen kann.*

γ) Nachweis von Kupfer

Das nach Abschnitt β (oben) erhaltene schwefelsaure Filtrat von der Blei(II)-sulfatfällung wird ammoniakalisch gemacht. Eine Blaufärbung der Lösung, hervorgerufen durch *Tetramminkupfer(II)-Ion* zeigt *Kupfer* an.

Identifizierung. Eine Probe der ammoniakalischen Lösung, die gegebenenfalls von dem gleichzeitig ausgefallenen Wismuthydroxid abzufiltrieren ist, wird mit Essigsäure angesäuert und dann mit Kalium-cyanoferrat(II) versetzt. Eine rotbraune Fällung von *Kupfer-cyanoferrat(II)* zeigt *Kupfer* an.

δ) Nachweis von Wismut

Entstand bei Zugabe des Ammoniaks nach Abschnitt γ (oben) eine weiße amorphe Fällung, so deutet dies auf *Wismut* hin. Die Fällung ist bei Anwesenheit von Kupfer bisweilen schwer zu erkennen.

Identifizierung. Der Niederschlag wird — nach gelindem Erwärmen — abfiltriert, mit heißem Wasser gründlich ausgewaschen und in wenig verdünnter Salzsäure gelöst. Mit der Lösung führe man folgende Reaktionen aus.

Das ammoniakalische Filtrat von der Wismutfällung wird nach Abschnitt ε (unten) auf *Cadmium* geprüft.

α) *Überführung in Wismutoxidchlorid.* Einen Teil der Lösung gieße man in eine größere Menge Wasser, die sich in einem Becherglas von 250 ml Fassungsvermögen befindet. Eine milchähnliche weiße Trübung von *Wismutoxidchlorid*, die sich von der Eingußstelle ausgehend allmählich in Form von Wolken ausbreitet, zeigt *Wismut* an.

β) *Reaktion mit Natriumstannit*[1]. Man versetzt etwas Zinn(II)-chloridlösung mit so viel Natronlauge, daß der zuerst entstehende Niederschlag von *Zinn(II)-hydroxid* wieder in Lösung geht und ein neuer Zusatz von Natronlauge keine Fällung mehr hervorruft. Zu der so erhaltenen *Natriumstannitlösung* fügt man die zu prüfende salzsaure Lösung hinzu, nachdem man sie durch Zugabe von Natronlauge abgestumpft hat. Bei Anwesenheit von *Wismut* entsteht ein schwarzer Niederschlag von *metallischem Wismut* (in der Kälte auszuführen, da sonst metallisches Zinn ausfallen kann).

Störung

Ältere Lösungen von Zinn(II)-chlorid, die infolge Oxydation durch den Luftsauerstoff unwirksam geworden sind, geben die Reaktion nicht. Man prüfe bei negativem Ausfall der Reaktion die Zinn(II)-chloridlösung durch Zugabe von Quecksilber(II)-chloridlösung und verdünnter Salzsäure auf Zinn(II)-Ion.

ε) Nachweis von Cadmium

Das nach Abschnitt δ (oben) erhaltene ammoniakalische Filtrat von der Wismutfällung wird, falls es durch *Tetrammin-kupfer(II)-Ion* blau gefärbt ist, unter Umrühren in kleinen

[1] Probe β ist nur auszuführen, wenn bei Probe α kein eindeutig positives oder eindeutig negatives Ergebnis erhalten wurde.

Anteilen mit so viel festem Kaliumcyanid[1] versetzt, daß vollständige Entfärbung eintritt (Überschuß ist zu vermeiden[2]). Hierauf wird die entfärbte Lösung oder, falls Kupfer abwesend ist, die nach Abschnitt γ und δ (S. 69 und 70) erhaltene farblose Lösung *ohne anzusäuern* mit Schwefelwasserstoffwasser versetzt oder es wird Schwefelwasserstoff eingeleitet. Ein gelber bis hellbrauner Niederschlag von *Cadmiumsulfid* zeigt *Cadmium* an.

Identifizierung

α) *Lötrohrprobe.* Ein Teil des Cadmiumsulfid-Niederschlages wird nach dem Trocknen mit etwas pulverisierter Soda gemischt und die Mischung vor dem Lötrohr auf Kohle erhitzt. Ein brauner, manchmal *farbig schillernder Oxidbeschlag* zeigt *Cadmium* an.

β) *Reaktion mit Ammonium-rhodanomercurat(II).* Ein Teil des Niederschlags wird am Objektträger in verdünnter Salzsäure gelöst. Der entstehende Tropfen wird zur Trockene verdampft und der Rückstand mit verdünnter Essigsäure aufgenommen. Nach dem Erkalten versetzt man mit einem Tropfen Ammonium-rhodanomercurat(II)-lösung. Bei Anwesenheit von *Cadmium* sind unter dem Mikroskop große, farblose Einzelkristalle von *Cadmium-rhodanomercurat(II)* erkennbar, welche vielfach eine Kante als breite dunkle Fläche erscheinen lassen.

Störung

Blei *(Spuren von Blei, die infolge ungenügenden Abrauchens mit Schwefelsäure in Lösung verblieben sein können, fallen gemeinsam mit Cadmiumsulfid als Bleisulfid aus; die Farbe des Cadmiumsulfids ist dann nicht mehr deutlich erkennbar). — Ist der Cadmiumsulfid-Niederschlag dunkel (dunkelbraun bis schwarz) gefärbt, so filtriert man, wäscht mit Wasser aus, spült den Niederschlag nach Durchstoßen des Filters mit wenig Wasser in ein Reagensglas und kocht sodann 1—2 Minuten mit verdünnter Schwefelsäure. Hierdurch wird das Bleisulfid in unlösliches Blei(II)-sulfat übergeführt, während Cadmiumsulfid in Lösung geht. Man filtriert und weist im Filtrat Cadmium durch Zugabe eines mehrfachen Volumens Schwefelwasserstoffwasser oder durch Einleiten von Schwefelwasserstoff in das auf das 5fache Volumen verdünnte Filtrat nach. Die Anwesenheit von Cadmium ist nunmehr an der gelben bis hellbraunen Farbe des Niederschlags erkennbar.*

---

[1] ***Vorsicht: Kaliumcyanid ist sehr giftig! Man gieße die Lösung nach Beendigung der Reaktion in den zuvor von Säureresten befreiten Ausguß unter dem Abzug und spüle mit Wasser nach.***

[2] Das Kaliumcyanid kann auch in Form einer *gesättigten Lösung* tropfenweise zugefügt werden.

2. Vorbehandlung des Filtrats von der Schwefelwasserstoff-fällung für die weitere Untersuchung

a) Entfernung störender Säuren

Bei der weiteren Untersuchung auf Kationen wirken folgende Anionen störend. Zur Vermeidung der durch sie bedingten Störungen sind die in nachfolgendem Schema benannten Wege einzuschlagen[1].

Störende Anionen	Vermeidung der Störung
Oxalat, Tartrat, Cyanoferrat(II), Cyanoferrat(III)	Zerstörung durch Glühen vor Ausfällung der Ammoniakgruppe.
Borat	Zugabe einer reichlichen Menge Ammoniumchlorid vor Ausfällung der Ammoniakgruppe. — Ausfällung als *Bariummetaborat* vor Untersuchung auf Alkalien.
Fluorid, Fluorosilicat	Verflüchtigung durch Abrauchen mit Salzsäure oder Zugabe einer reichlichen Menge Ammoniumchlorid vor Ausfällung der Ammoniakgruppe.
Phosphat	Ausfällung als *Eisen(III)-phosphat* im Gang der Untersuchung der Ammoniakgruppe.

α) Verfahren bei Abwesenheit von Oxalat, Tartrat, Cyanoferrat(II), Cyanoferrat(III), Borat, Fluorid und Fluorosilicat

Man dampft das Filtrat von der Schwefelwasserstoffällung so stark ein, als es zur Entfernung des Schwefelwasserstoffs erforderlich ist, mindestens aber auf etwa 50 ml. Die Lösung wird sodann — falls *Phosphat* zugegen sein kann — zunächst nach S. 75, Abschnitt b, auf Phosphat geprüft. Anderenfalls führt man nach S. 76, Abschnitt 3, die Ausfällung und Untersuchung der Ammoniakgruppe durch.

[1] Eine Entfernung der störenden Säuren vor Ausfällung der Schwefelwasserstoffgruppe ist nicht erforderlich, da bei der Ausfällung mit Schwefelwasserstoff durch dieselben keine Störungen hervorgerufen werden. Infolge der Flüchtigkeit mancher Bestandteile der Schwefelwasserstoffgruppe wäre eine vorhergehende Entfernung störender Säuren durch Glühen auch nicht zulässig.

β) Verfahren bei Anwesenheit von Oxalat, Tartrat, Cyanoferrat(II) oder Cyanoferrat(III)

Das Filtrat von der Schwefelwasserstoffällung wird in einer Abdampfschale zur Trockene eingedampft (*Abzug!*) und — nach Verbringung in einen Schmelztiegel — ohne Bedeckung über der Flamme des Bunsenbrenners etwa 5—10 Minuten gelinde geglüht (*Abzug!*).

Der erhaltene Glührückstand wird nach dem Erkalten in Salzsäure gelöst, indem man ihn zunächst einige Minuten mit verdünnter Salzsäure kocht, die Lösung nach dem Absetzen durch ein kleines aschefreies Filter dekantiert und den unlöslich verbliebenen Rest, der vorwiegend aus *Kohlenstoff* besteht, sodann nochmals einige Minuten mit heißer konz. Salzsäure behandelt. Man filtriert nunmehr nach dem Verdünnen durch das gleiche Filter[1] und dampft die mit konz. Salzsäure hergestellte Lösung zur Entfernung der Hauptmenge der Salzsäure stark ein. Beide Lösungen werden sodann vereinigt und — falls *Phosphat* zugegen sein kann — zunächst nach S. 75, Abschnitt b, auf Phosphat geprüft. Anderenfalls führt man nach S. 76, Abschnitt 3, die Ausfällung und Untersuchung der Ammoniakgruppe durch.

Störung

Durch zu starkes Glühen können Chrom(III)-, Aluminium- und Eisen(III)-oxid säureunlöslich werden und dadurch der Untersuchung entgehen. Bei richtiger Arbeit ist dies jedoch nicht oder nur in so geringem Ausmaß der Fall, daß die Hauptmenge Chrom, Aluminium und Eisen mit Sicherheit in der salzsauren Lösung nachgewiesen werden kann. Im Zweifelsfall überzeugt man sich davon, daß der säureunlösliche Anteil des Glührückstandes nur aus Kohlenstoff besteht, indem man das gründlich ausgewaschene Filter in einem Schmelztiegel trocknet, sodann verascht und stark glüht. Ist ausschließlich Kohlenstoff zugegen, so bleiben nur Spuren von weißer Filterasche zurück, während andernfalls grünes Chrom(III)-oxid, rotbraunes Eisen(III)-oxid oder weißes Aluminiumoxid als Glührückstand verbleiben.

γ) Verfahren bei Anwesenheit von Borat

Man dampft das Filtrat von der Schwefelwasserstoffällung so stark ein, als zur Entfernung des Schwefelwasserstoffs erforderlich ist, mindestens aber auf etwa 50 ml, und entnimmt — falls *Phosphat* zugegen sein kann — eine kleine Probe der Lösung, die nach S. 75, Abschnitt b, auf Phosphat geprüft wird.

---

[1] Der im Filter befindliche Rückstand ist üblicherweise zu vernachlässigen. Vgl. jedoch die beschriebene Störung.

Die verbliebene Hauptmenge der Lösung oder — falls Phosphat nicht zugegen sein kann — die Gesamtmenge der eingedampften Lösung wird mit etwa 3 g festem Ammoniumchlorid[1] versetzt, um die Ausfällung der *Erdalkaliborate* bei der nachfolgenden Zugabe des Ammoniaks zu verhindern. Die erhaltene Lösung wird sodann zur Ausfällung der Ammoniakgruppe nach S. 76, Abschnitt 3, weiterbehandelt.

δ) Verfahren bei Anwesenheit von Fluorid oder Fluorosilicat

Man dampft das Filtrat von der Schwefelwasserstoffällung bis fast zur Trockene ein und raucht nochmals zur völligen *Vertreibung des Fluorwasserstoffs* in gleicher Weise mit konz. Salzsäure ab. Den noch feuchten Abdampfrückstand nimmt man sodann mit Wasser oder verdünnter Salzsäure auf und prüft die erhaltene Lösung — falls *Phosphat* zugegen sein kann — zunächst nach S. 75, Abschnitt b, auf Phosphat. Anderenfalls führt man nach S. 76, Abschnitt 3, die Ausfällung und Untersuchung der Ammoniakgruppe durch.

Sind gleichzeitig Fluorid (bzw. Fluorosilicat) und Borat zugegen, so kann die durch Fluorid und Fluorosilicat hervorgerufene Störung zugleich mit der durch Borat bedingten Störung durch Zugabe von etwa 3 g Ammoniumchlorid beseitigt werden. Eine gesonderte Behandlung zur Entfernung des Fluorwasserstoffs durch Abrauchen mit Salzsäure ist dann nicht erforderlich.

Bemerkung

Wird die Verarbeitung der Analysensubstanz wie üblich in Glasgefäßen durchgeführt, so ist damit zu rechnen, daß durch Fluorwasserstoff die Glaswandungen etwas angegriffen werden und hierdurch in geringfügiger Menge Glasbestandteile, insbesondere Calcium, Natrium und Kieselsäure, in die Lösung gelangen. Will man die dadurch bedingte Täuschung vermeiden, so ist es erforderlich, die in saurer Lösung durchzuführenden Operationen, insbesondere die Auflösung, das Einengen nach der Ausfällung der Schwefelwasserstoffgruppe und das Abrauchen mit Salzsäure zur Vertreibung der Flußsäure in Platingefäßen[2] vorzunehmen. Bei Übungsanalysen ist dies jedoch nicht erforderlich.

---

[1] Die *Hauptmenge des Ammoniumchlorids* muß vor der Ausfällung der Ammoniumcarbonatgruppe durch Glühen wieder entfernt werden (vgl. hierüber S. 89, Abschnitt 5, Störung 2).

[2] Anmerkung siehe S. 75.

ε) Verfahren bei gleichzeitiger Anwesenheit mehrerer störender Säuren

Man vertreibt zuerst — falls nicht gleichzeitig *Borat* zugegen ist und die Behandlung mit Ammoniumchlorid daher ohnehin durchgeführt werden muß — das anwesende *Fluorid* und *Fluorosilicat*, wie angegeben, durch Abrauchen mit Salzsäure, bringt den Rückstand zur Trockene und glüht sodann zur Entfernung der störenden *organischen Säuren*. Hierauf löst man, wie angegeben, in Salzsäure, prüft — falls *Phosphat* zugegen sein kann — zunächst nach Abschnitt b (unten) auf Phosphat, fügt dann zur Vermeidung der durch *Borat* bedingten Störung Ammoniumchlorid zu und führt schließlich nach S. 76, Abschnitt 3, die Ausfällung und Untersuchung der Ammoniakgruppe durch.

b) Prüfung auf Phosphat

Wurde bei der Untersuchung der Schwefelwasserstoffgruppe *Arsen* nachgewiesen, so darf ein positiver Ausfall der Reaktion mit Ammoniummolybdat nach S. 21, Abschnitt 8, nicht als beweisend für die Anwesenheit von *Phosphat* angesehen werden, da auch *Arsenat* eine gleichartige Fällung gibt.

Um festzustellen, ob neben Arsenat auch Phosphat vorliegt, ist in diesem Fall noch die nach Abschnitt a (oben) vorbehandelte arsenfreie Lösung auf Phosphat zu prüfen.

Zu diesem Zweck wird eine kleine Probe der nach Abschnitt a erhaltenen salzsauren Lösung zur Entfernung der Hauptmenge Salzsäure in einem Reagensglas bis fast zur Trockene eingedampft. Man versetzt sodann mit verdünnter Salpetersäure und prüft nach S. 21, Abschnitt 8, mit Ammoniummolybdat auf *Phosphat*.

Verläuft die Reaktion an dieser Stelle negativ, so war eine positive Reaktion bei der Prüfung auf Phosphat nach S. 21, Abschnitt 8, ausschließlich durch Arsenat bedingt.

Der Rest der salzsauren Lösung wird sodann zur Ausfällung der Ammoniakgruppe nach Abschnitt 3 (unten) weiterbehandelt.

---

[1] Zur Beachtung: Platin ist in *Königswasser* löslich. Die Auflösung in Platingefäßen darf daher nur unter Verwendung von Salzsäure vorgenommen werden.

3. Ammoniakgruppe

Oxydation des Eisen(II)-Ions. Die nach Abschnitt a (S. 72) vorbehandelte Lösung wird zur Oxydation von etwa vorliegendem Eisen(II)-salz mit etwa 0,5 ml konz. Salpetersäure erhitzt. Hierbei färbt sich die Lösung, wenn Eisen(II)-Ion zugegen ist, häufig vorübergehend gelb oder braun. Eine Aufhellung des Farbtons zeigt dann die *Beendigung der Oxydation* an.

Die Weiterbehandlung der Lösung richtet sich danach, ob *Phosphat* zugegen oder abwesend ist.

A. Verfahren bei Abwesenheit von Phosphat

Die zur Oxydation des Eisen(II)-Ions mit Salpetersäure behandelte Lösung wird — nötigenfalls nach Zugabe von festem Ammoniumchlorid[1] — mit einem geringen Überschuß an Ammoniak[2] versetzt und bis zum beginnenden Sieden erhitzt. Eine hierbei entstehende Fällung kann die Hydroxide von *Eisen* (braun), *Chrom* (grau-grün) und *Aluminium* (weiß) enthalten. Sie kann in vielen Fällen noch durch *Mangan, Zink, Kobalt, Nickel, Erdalkalien* und *Kieselsäure* verunreinigt sein.

Man filtriert ab und wäscht gründlich mit heißem Wasser aus. Sodann wird der Niederschlag mit wenig verdünnter Salzsäure vom Filter gelöst und, wie folgt, verarbeitet.

Das **Filtrat** (ohne die Waschwässer) wird zur Untersuchung auf die Bestandteile der Ammoniumsulfidgruppe nach S. 84, Abschnitt 4, weiterbehandelt.

Störungen

1. ***Chrom*** *[Bildung von löslichen komplexen Verbindungen, die in das Filtrat gelangen (selten)]. — Bezüglich der Erkennung und Beseitigung der Störung wird auf S. 84, Störung 2, verwiesen.*

---

[1] Ein zu großer *Überschuß an Ammoniumchlorid* kann bei der späteren Untersuchung auf Erdalkalicarbonate lösend wirken und ist daher zu vermeiden. In vielen Fällen genügt die beim Ammoniakalisch-machen der sauren Lösung entstehende Menge Ammoniumchlorid schon an sich, um Magnesium in Lösung zu halten. Eine gesonderte Zugabe von Ammoniumchlorid ist dann nicht erforderlich.

[2] Das zu verwendende Ammoniak soll tunlichst *frei von Ammoniumcarbonat* sein. Man prüfe es auf *Carbonat*, indem man eine Probe mit Calciumchloridlösung erwärmt. Hierbei darf nur eine geringfügige Trübung, aber keine Fällung eintreten.

2. Borat, Fluorid, Silicat, Fluorosilicat *[Mitausfällung von Erdalkalien in der Ammoniakgruppe (insbesondere bei ungenügender Zugabe von Ammoniumchlorid oder ungenügendem Abrauchen mit Salzsäure); dadurch evtl. negativer Ausfall der Prüfung auf Erdalkalien in der Ammoniumcarbonatgruppe]. — Bei Anwesenheit der genannten Ionen empfiehlt es sich, zur Sicherheit auch in der Ammoniakfällung auf Erdalkalien zu prüfen. Zu diesem Zweck löst man eine kleine Menge derselben in Essigsäure und untersucht nach Abschnitt A (S. 90) auf Barium, Strontium und Calcium. — Löst sich die Ammoniakfällung nicht in Essigsäure, so kann dies durch die Anwesenheit von Erdalkalifluoriden oder -fluorosilicaten bedingt sein. Man löst dann in Salzsäure, raucht mehrmals mit Salzsäure ab, um die Flußsäure zu vertreiben, fällt mit Ammoniak und Ammoniumcarbonat und prüft jetzt, wie angegeben, auf Erdalkalien.*

a) Nachweis von Eisen und Prüfung auf Begleitstoffe in der Eisen(III)-hydroxidfällung

Die salzsaure Lösung der mit Ammoniak erhaltenen Fällung wird mit *reiner* Natronlauge[1] und Wasserstoffperoxid, beides im Überschuß, versetzt und einige Minuten zum Sieden erwärmt. Hierauf wird der Niederschlag abfiltriert und mit heißem Wasser ausgewaschen. Ein brauner Niederschlag kann *Eisen*, bisweilen auch *Mangan, Kobalt, Nickel* sowie geringe Mengen *Zink* und *Erdalkalien* enthalten.

Das **Filtrat,** welches *Chromat* und *Aluminat* enthalten kann, wird nach S. 79, Abschnitt b, weiterbehandelt.

Identifizierung. Eisen. Man löst einen Teil des Niederschlags in verdünnter Salzsäure und versetzt die Lösung mit Ammoniumthiocyanatlösung. Eine rote Färbung, hervorgerufen durch *Eisen(III)-thiocyanat*, zeigt *Eisen* an.

Bemerkung

Wurde zur Zerstörung von ***Cyanoferrat(II)*** *oder* ***Cyanoferrat(III)*** *nach S. 73, Abschnitt β, geglüht, so wird an dieser Stelle stets Eisen gefunden, ohne daß daraus geschlossen werden darf, daß die Substanz auch Eisen als Kation enthält.*

Zur Entscheidung hierüber löst man etwas ursprüngliche Substanz in kalter verdünnter Salzsäure, filtriert und versetzt das Filtrat in zwei Proben mit Kalium-cyanoferrat(II) und Kalium-cyanoferrat(III). Eine blaue

---

[1] Um Verunreinigungen auszuschließen, stelle man die zu verwendende *Natronlauge* durch Auflösen von etwa 5 g festem Natriumhydroxid (*Plätzchenform, zur Analyse*) in 50 ml Wasser frisch her.

Fällung von Berlinerblau zeigt Eisen(III)-Ion bzw. Eisen(II)-Ion (als Kation) an.

Entsteht keine Fällung, so kann Eisen (als Kation) auch als Berlinerblau vorliegen. Um es auch in diesem Fall nachzuweisen, erwärmt man die Substanz mit Natronlauge und filtriert. Der Rückstand wird nach dem Auswaschen mit Wasser in verdünnter Salzsäure gelöst und nötigenfalls filtriert. Die erhaltene Lösung prüft man, wie oben angegeben, mit Kalium-cyanoferrat(II) auf Eisen(III)-Ion.

Enthält die Substanz Eisen (als Kation) in Form von säureunlöslichem Eisen(III)-oxid, so wird dieses nach S. 104, Abschnitt b, in der Disulfatschmelze nachgewiesen.

Bei Übungsanalysen ist Eisen (als Kation) neben Cyanoferrat(II) oder Cyanoferrat(III) nur dann anzugeben, wenn einer der angegebenen Nachweise positiv ausgefallen ist.

Prüfung auf Begleitstoffe in der Eisen(III)-hydroxidfällung

An dieser Stelle können — wie oben bemerkt — neben *Eisen* auch geringe Mengen von *Mangan, Kobalt, Nickel, Zink* und *Erdalkalien* ausfallen, obwohl diese eigentlich an anderer Stelle gefällt und nachgewiesen werden sollen. Im allgemeinen ist damit zu rechnen, daß sich die Hauptmenge der genannten Begleitstoffe in dem Filtrat von der Ammoniakfällung befindet und jeweils an der richtigen Stelle nachgewiesen werden kann. Enthält die Substanz aber nur geringe Mengen der genannten Stoffe, so ist es möglich, daß sie vollständig hier ausfallen und daher bei der späteren Prüfung dem Nachweis entgehen. Besonders trifft dies zu für *Mangan, Kobalt* und *Nickel*, auf die daher auch in der vorliegenden Fällung geprüft werden muß.

α) Nachweis von Mangan

Größere Mengen Mangan neben wenig Eisen treten meist schon durch eine *dunkelbraune Färbung* des Niederschlags in Erscheinung. Man prüft nach S. 87, Abschnitt a, auf Mangan, wobei zu beachten ist, daß die grüne Oxydationsschmelze durch Flocken von *Eisen(III)-oxid* mißfarbig erscheinen kann und daß bei der Prüfung mit Bleidioxid und Salpetersäure eine Gelbfärbung der Lösung durch *Eisen(III)-Ion* bewirkt werden kann.

β) Nachweis von Kobalt

Man prüft nach S. 85, Abschnitt a, mit der Phosphorsalzperle auf Kobalt. Eine Blaufärbung der Perle zeigt *Kobalt* an. Eine Gelbfärbung bis Braunfärbung, die auf *Eisen* (oder *Nickel*), und eine Hellviolettfärbung, die auf *Mangan* zurückzuführen ist, darf hiermit nicht verwechselt werden. Erhitzt man die Perle in der Reduktionsflamme, so geht die durch Eisen (bzw. Nickel) hervorgerufene Braunfärbung in grau-grün über, während die durch *Kobalt* hervorgerufene Blaufärbung bestehen bleibt.

γ) Nachweis von Nickel

Man löst den Rest des Niederschlags in verdünnter Salzsäure und fügt Kaliumnatriumtartrat und dann Ammoniak hinzu, wobei keine Fällung eintreten darf[1]. Hierauf versetzt man die bei Anwesenheit von viel Eisen dunkelbraun gefärbte Lösung nach S. 87, Abschnitt b, mit Dimethylglyoxim. Bei Anwesenheit von *Nickel* entsteht ein roter Niederschlag von *Bis(dimethylglyoximato)-nickel(II)*, der vielfach erst nach dem Filtrieren und Auswaschen durch Rotfärbung des Filters erkennbar wird.

Umfällung

In besonderen Fällen, wenn der Nachweis kleiner Mengen von Mangan, Kobalt, Nickel (auch von Zink oder Erdalkalien) neben verhältnismäßig großen Mengen Eisen(III)-hydroxid auszuführen ist, empfiehlt es sich, eine Umfällung des Eisenniederschlages vorzunehmen, um ihn von den anhaftenden Begleitstoffen zu befreien und diese gesondert nachzuweisen.

Zu diesem Zweck löst man den mit Natronlauge und Wasserstoffperoxid erhaltenen, abfiltrierten und gründlich ausgewaschenen Niederschlag mit verdünnter Salzsäure vom Filter und versetzt die Lösung mit festem Ammoniumchlorid. Hierauf gibt man in einem Guß die 2—3fache Menge 25%iges Ammoniak hinzu, erwärmt zum beginnenden Sieden (Abzug!), filtriert und wäscht gründlich mit heißem Wasser aus. Der Niederschlag enthält jetzt nur noch Eisen, das wie oben identifiziert wird, während die Begleitstoffe Mangan, Kobalt, Nickel, Zink und Erdalkalien im Filtrat enthalten sind und hierin gesondert nach S. 84, Abschnitt 4, und S. 89, Abschnitt 5, nachgewiesen werden[2].

b) Nachweis von Chrom

Das nach S. 77, Abschnitt a, erhaltene Filtrat von der Eisenhydroxidfällung, welches *Chromat* und *Aluminat* enthalten kann, wird nötigenfalls stark eingedampft. Eine Gelbfärbung der Lösung zeigt *Chromat* an.

Identifizierung. Eine Probe der erkalteten Lösung wird mit 1 ml Äther und etwas Wasserstoffperoxid versetzt und dann unter Kühlung vorsichtig mit Schwefelsäure angesäuert. Bei Anwesenheit von *Chromat* färbt sich der Äther durch Bildung von *Chromperoxid* vorübergehend blau.

Bemerkung

Eine positive Reaktion an dieser Stelle kann sowohl auf einen Gehalt an Chromat als auch an Chrom(III)-salz in der ursprünglichen Substanz zurück-

[1] Tritt hier eine Fällung ein, so säuert man nochmals mit Salzsäure an, fügt mehr Kaliumnatriumtartrat hinzu und macht erneut ammoniakalisch.

[2] Eine Vereinigung des Filtrats mit dem bei der eigentlichen Ammoniakfällung erhaltenen Filtrat (S. 76) zwecks gemeinsamer Verarbeitung kommt nicht in Frage, da das Filtrat von der Eisenfällung her stets Natrium-Ion enthält, das bei der späteren Prüfung einen Natriumgehalt der Substanz vortäuschen würde.

zuführen sein. Wurde im Sodaauszug kein Chromat gefunden, so liegt nur Chrom(III)-salz vor, während anderenfalls Chrom(III)-salz neben Chromat enthalten sein kann.

c) Nachweis von Aluminium

Den Rest des nach Abschnitt b (oben) erhaltenen eingedampften Filtrates säuert man mit verdünnter Salzsäure an, macht schwach ammoniakalisch und erhitzt zum Sieden. Bei Anwesenheit von *Aluminium* entsteht eine weiße flockige Fällung von *Aluminiumhydroxid.*

Identifizierung. Der mit Ammoniak erhaltene Niederschlag wird abfiltriert und mit heißem Wasser ausgewaschen. Ein Teil wird in verdünnter Salzsäure gelöst und zu folgenden Reaktionen verwendet.

α) *Morinprobe.* Eine Probe der salzsauren Lösung wird mit methanolischer Morinlösung versetzt. Eine gelb-grüne Fluorescenz zeigt *Aluminium* an. Ist die Fluorescenz nicht eindeutig erkennbar, so versetze man die Lösung in kleinen Anteilen mit Natriumacetatlösung, wobei ein Überschuß — erkennbar am Auftreten einer Gelbfärbung oder einer Trübung — zu vermeiden ist.

Die Erkennbarkeit der Fluorescenz wird häufig auch durch eine geringfügige, mit bloßem Auge kaum sichtbare Trübung erschwert. Die Lösung ist in diesem Fall durch wiederholtes „Hin und Herfiltrieren“ durch das gleiche Filter zu klären.

β) *Alizarin-S-probe*[1]. Eine zweite Probe der salzsauren Lösung des Aluminiumhydroxids wird mit einer Lösung von alizarinsulfosaurem Natrium versetzt. Hierauf macht man ammoniakalisch, wobei eine violette Färbung[2] auftritt, und säuert mit Essigsäure wieder an, bis die violette Farbe in rot oder gelb-rot umschlägt. Es entsteht bei Anwesenheit von *Aluminium* eine schwer sichtbare rote Fällung, die sich beim kräftigen Durchschütteln mit Chloroform in Form eines roten feinflockigen Niederschlages an der Grenzschicht zwischen Chloroform und Wasser abscheidet; gut erkennbar nach 10 bis 15 Minuten.

---

[1] Die Reaktion ist sehr empfindlich. Ein *positiver* Ausfall der Reaktion ist daher nur beweisend, wenn auch die *Morinprobe* deutlich positiv ausfiel und wenn die verwendeten Reagentien, insbesondere die Natronlauge, von Aluminium völlig frei waren.

[2] Bei Anwesenheit größerer Mengen von Aluminium kann die Färbung der ammoniakalischen Lösung rötlich sein.

Störung

Silicat, Fluorosilicat *(Abscheidung von weißer flockiger Kieselsäure; dadurch Vortäuschung von Aluminium). — Bei den angegebenen Identifizierungsreaktionen tritt die Kieselsäure nicht in Erscheinung.*

γ) *Thénardsblau-Probe.* Eine kleine Probe des Niederschlags wird auf ein kleines Stückchen Filtrierpapier gestrichen und sodann nacheinander mit verdünnter Salpetersäure und einer geringen Menge verdünnter Kobalt(II)-nitratlösung (etwa 0,1%ig) befeuchtet. Hierauf trocknet man die Probe vorsichtig in einem Porzellantiegel über der Sparflamme des Bunsenbrenners und glüht schließlich stark. Eine blaue Färbung der Asche zeigt *Aluminium* an.

Störungen

1. ***Überschuß von Kobalt(II)-nitrat*** *[Bildung von schwarzem Kobalt(II)-oxid; dadurch Verdeckung der blauen Färbung]. — Wiederholung der Reaktion mit weniger oder verdünnterer Kobalt(II)-nitratlösung.*

2. ***Silicat, Fluorosilicat*** *(Abscheidung von Kieselsäure an Stelle von Aluminium; Kieselsäure gibt beim Glühen mit Kobalt(II)-nitrat gleichfalls eine blaue Asche). — Bei Vorliegen dieser Störung beschränkt sich der Nachweis des Aluminiums auf die Reaktionen mit Morin und alizarinsulfosaurem Natrium. — Kieselsäure kann auch durch kieselsäurehaltige Reagentien in die Analyse gelangen. (Man beachte diesbezüglich S. 77, Fußnote 1!)*

B. Verfahren bei Anwesenheit von Phosphat

Ist Phosphat zugegen, so muß dieses entfernt werden, da es sonst bei der weiteren Untersuchung der Lösung zu verschiedenen Störungen Anlaß geben würde. Die Entfernung erfolgt, indem man das Phosphat gemeinsam mit den übrigen Bestandteilen der Ammoniakgruppe durch einen Überschuß an Eisen(III)-Ion bei sehr schwach alkalischer Reaktion als *Eisen(III)-phosphat* ausfällt. Da ein Nachweis von Eisen in der so hergestellten Ammoniakfällung naturgemäß nicht mehr möglich ist, prüft man, wie nachfolgend beschrieben, bereits vor Ausfällung der Ammoniakgruppe auf *Eisen*. Der Nachweis von *Chrom* und *Aluminium*, die gemeinsam mit dem Eisen(III)-phosphat ausgefällt werden, wird durch die Anwesenheit des Phosphats nicht gestört.

a) Nachweis von Eisen

α) *Prüfung mit Kalium-cyanoferrat(II).* Eine Probe der nach S. 76, oben, mit Salpetersäure oxydierten Lösung wird mit Kalium-cyanoferrat(II)-lösung versetzt. Eine blaue Fällung von *Berlinerblau* zeigt *Eisen* an.

β) *Prüfung mit Ammoniumthiocyanat.* Eine zweite Probe versetzt man mit Ammoniumthiocyanatlösung. Eine Rotfärbung, hervorgerufen durch *Eisen(III)-thiocyanat*, zeigt *Eisen* an.

Bemerkung

Bezüglich der Bewertung einer positiven Reaktion auf Eisen im Falle der Anwesenheit von Cyanoferrat(II) oder Cyanoferrat(III) in der Substanz vgl. S. 77, Abschnitt a, Bemerkung.

b) Fällung der Ammoniakgruppe einschließlich des Phosphats

Die verbliebene Hauptmenge der Lösung wird — falls erforderlich — mit festem Ammoniumchlorid[1] und dann mit einer nicht zu großen Menge (5—10 Tropfen) Eisen(III)-chloridlösung versetzt. Darauf gibt man vorsichtig Ammoniak hinzu, bis Lackmuspapier eben gebläut wird. Sollte der hierbei ausfallende Niederschlag nicht bräunlich, sondern hell gefärbt sein, so säuert man mit wenig Salzsäure wieder an[2] (Indicatorpapier), fügt nochmals Eisen(III)-chloridlösung hinzu und macht wieder mit Ammoniak schwach alkalisch. Dies ist so oft zu wiederholen, bis der ausfallende Niederschlag deutlich braun gefärbt ist. Man erhitzt dann zum Sieden, filtriert und wäscht mit heißem Wasser gründlich aus. Die Fällung enthält die Gesamtmenge an *Eisen* [einschließlich des zugegebenen Eisen(III)-Ions], *Chrom*, *Aluminium* und *Phosphat* sowie die in Abschnitt a (S. 77) benannten Begleitstoffe.

Das **Filtrat** (ohne die Waschwässer) wird zur Untersuchung auf die Bestandteile der Ammoniumsulfidgruppe nach S. 84, Abschnitt 4, weiterbehandelt.

Störungen

1. Chrom *[Bildung von löslichen komplexen Verbindungen, die in das Filtrat gelangen (selten)]. — Bezüglich der Erkennung und Beseitigung der Störung wird auf S. 84, Störung 2, verwiesen.*

2. Borat, Fluorid, Silicat, Fluorosilicat. *Vgl. S. 77, Störung 2.*

---

[1] Ein zu großer *Überschuß an Ammoniumchlorid* kann bei der späteren Untersuchung auf Erdalkalicarbonate lösend wirken und ist daher zu vermeiden. In vielen Fällen genügt die beim Ammoniakalisch-machen der sauren Lösung entstehende Menge Ammoniumchlorid schon an sich, um Magnesium in Lösung zu halten. Eine gesonderte Zugabe von Ammoniumchlorid ist dann nicht erforderlich.

[2] Hierbei ist es nicht erforderlich, daß der ausgefallene Niederschlag wieder vollkommen in Lösung geht.

c) Abscheidung des Eisens und Prüfung auf Begleitstoffe in der Eisen(III)-hydroxidfällung

Der nach Abschnitt b (oben) erhaltene Niederschlag wird in Salzsäure gelöst und nach S. 77, Abschnitt a, mit *reiner* Natronlauge und Wasserstoffperoxid behandelt. Der Niederschlag, welcher das gesamte zugefügte und in der Substanz vorliegende *Eisen* enthält und als Begleitstoffe auch *Mangan, Kobalt, Nickel* (in geringer Menge auch *Zink* und *Erdalkalien*) aufweisen kann, wird abfiltriert, mit heißem Wasser ausgewaschen und auf *Mangan, Kobalt* und *Nickel* geprüft:

α) **Nachweis von Mangan.** Ausführung nach S. 78, Abschnitt α.

β) **Nachweis von Kobalt,** Ausführung nach S. 78, Abschnitt β.

γ) **Nachweis von Nickel,** Ausführung nach S. 79, Abschnitt γ.

Das **Filtrat,** welches *Chromat* und *Aluminat* enthalten kann, wird nach Abschnitt d (unten) weiterbehandelt.

Umfällung

Ist eine Berücksichtigung sehr geringer Mengen von Nebenbestandteilen beabsichtigt, so wird der Niederschlag in der auf S. 79 beschriebenen Weise umgefällt. Die zweite Fällung, die dann nur noch aus Eisen(III)-hydroxid besteht, wird vernachlässigt, während das Filtrat für sich gesondert nach S. 84, Abschnitt 4, und S. 89, Abschnitt 5, auf die Begleitstoffe Mangan, Kobalt, Nickel, Zink, und Erdalkalien geprüft wird.

d) Nachweis von Chrom

Das nach Abschnitt c (oben) erhaltene Filtrat von der Eisenhydroxidfällung enthält *Chromat* und *Aluminat* sowie die Gesamtmenge des *Phosphats.* Eine Gelbfärbung der Lösung zeigt *Chromat* an.

Identifizierung. Ausführung nach S. 79, Abschnitt b.

e) Nachweis von Aluminium

Ausführung nach S. 80, Abschnitt c. Das anwesende Phosphat verursacht bei richtiger Ausführung keine Störung des Aluminiumnachweises.

4. Ammoniumsulfidgruppe

Eine kleine Probe des nach S. 76, Abschnitt A, oder S. 82, Abschnitt b, erhaltenen Filtrats versetzt man mit farblosem oder *hell*gelbem Ammoniumsulfid und erwärmt gelinde. Tritt keine Fällung ein, so sind Metalle der Ammoniumsulfidgruppe nicht zugegen. In diesem Falle wird die Hauptmenge des Filtrats nach S. 89, Abschnitt 5, weiterbehandelt.

Ist dagegen eine Fällung eingetreten, so erwärmt man die Hauptmenge des Filtrats auf 80—90° C und versetzt sie sodann mit einem geringen Überschuß an farblosem oder *hell*gelbem Ammoniumsulfid. Hierauf filtriert man den Niederschlag, der schwarzes *Nickelsulfid*, schwarzes *Kobaltsulfid*, fleischfarbenes (manchmal auch grünlich-graues) *Mangansulfid* und weißes *Zinksulfid* enthalten kann, ab und wäscht ihn mit heißem Wasser gründlich aus.

Das **Filtrat** von der Ammoniumsulfidfällung wird mit Salzsäure angesäuert, wobei eine weißliche Trübung durch ausgeschiedenen *Schwefel* auftritt *(Abzug!)*. Zur Klärung der Lösung versetzt man mit Zellstoffbrei[1], kocht 5—10 Minuten und filtriert. Das Filtrat, welches klar sein muß und keinen Geruch nach Schwefelwasserstoff mehr aufweisen darf, wird zur Untersuchung auf die Bestandteile der Erdalkaligruppe nach S. 89, Abschnitt 5, weiterbehandelt.

Störungen

1. ***Nickel*** *[Bildung von kolloidem Nickel(II)-sulfid, welches durch das Filter läuft und durch eine Braunfärbung des Filtrats in Erscheinung tritt]. — Man säuert das braune Filtrat mit Essigsäure an und erhitzt zum Sieden. Der hierbei entstehende Niederschlag von Nickel(II)-sulfid wird gemeinsam mit der ursprünglichen Ammoniumsulfidfällung verarbeitet. Das Filtrat braucht, sofern es klar ist, nicht mehr mit Salzsäure und Zellstoffbrei behandelt zu werden. Es wird bis zur völligen Entfernung des Schwefelwasserstoffs gekocht und sodann nach S. 89, Abschnitt 5, weiterbehandelt.*

2. ***Chrom*** *[Bildung von löslichen komplexen Verbindungen, die mit Ammoniak und Ammoniumsulfid keine Fällung geben und in das Filtrat von der Ammoniumsulfidgruppe gelangen (selten); erkennbar an der violetten oder dunkelgrünen Färbung des Filtrats]. — Man dampft das gefärbte Filtrat zur Trockene ein, glüht gelinde, löst wieder in verdünnter Salzsäure und behandelt die erhaltene Lösung neuerdings nach S. 76, Abschnitt A, mit Ammoniumchlorid*

[1] Herzustellen, indem man ein Viertel einer *Filtrierstofftablette* in einem Reagensglas mit Wasser kräftig durchschüttelt, bis die Tablette zu einer breiförmigen Masse zerfallen ist.

und Ammoniak. Der entstandene Niederschlag von Chrom(III)-hydroxid wird, falls nach S. 79, Abschnitt b, oder S. 83, Abschnitt d, kein Chrom nachgewiesen werden konnte, in verdünnter Salzsäure gelöst, die Lösung mit Natronlauge alkalisch gemacht und das entstandene Chromit mit Wasserstoffperoxid zu Chromat oxydiert. Letzteres wird nach S. 79, Abschnitt b, identifiziert.

Das Filtrat von der Chrom(III)-hydroxidfällung wird mit Salzsäure angesäuert und zur Untersuchung auf die Bestandteile der Erdalkaligruppe nach S. 89, Abschnitt 5, weiterbehandelt.

Behandlung der Sulfidfällung (CoS, NiS, MnS, ZnS)

Sofort zu untersuchen, da sonst die *Sulfide* teilweise durch den Luftsauerstoff zu *Sulfaten* oxydiert werden und dann wieder in Lösung gehen können.

Der nach S. 84 erhaltene ausgewaschene Niederschlag wird nach Durchstoßen des Filters mit Wasser in ein Reagensglas gespült und dann mit der Hälfte des Volumens verdünnter Salzsäure versetzt, so daß eine etwa 4% Chlorwasserstoff enthaltende Lösung entsteht. Man läßt 5 Minuten in der Kälte unter gelegentlichem Schütteln stehen, filtriert den nicht gelösten Anteil ab und wäscht ihn mit heißem Wasser aus. Der Rückstand enthält schwarzes *Nickelsulfid* und *Kobaltsulfid* sowie *elementaren Schwefel* und wird, wie folgt, verarbeitet.

Das **Filtrat,** welches *Mangan* und *Zink* enthält, wird nach S. 87, Abschnitt B, untersucht.

A. Untersuchung des Rückstands (CoS, NiS)

Nur auszuführen, wenn der Rückstand schwarz oder dunkelgrau gefärbt ist. Anderenfalls sind Kobalt und Nickel nicht anwesend.

a) Nachweis von Kobalt

a) *Phosphorsalzperle.* Etwas Phosphorsalz $NaNH_4HPO_4 \cdot 4H_2O$ wird über der Sparflamme des Bunsenbrenners an ein Magnesiastäbchen angeschmolzen und sodann bei voller Flamme so lang erhitzt, bis eine blasenlose Schmelze entsteht. Hierauf bringt man eine sehr geringe Menge des Rückstandes an das Magnesiastäbchen und erhitzt kräftig in der Oxydationsflamme des nicht leuchtenden Bunsenbrenners, bis die Schmelze völlig homogen geworden ist. Zeigt die Perle nach dem Erkalten eine blaue Färbung, so ist *Kobalt* anwesend. Ist nur Nickel zugegen, so ist die Oxydationsperle braun.

b) *Auflösung des Rückstandes.* Zur Ausführung der folgenden Reaktionen auf *Kobalt* und *Nickel* ist es notwendig, den Rückstand in Lösung zu bringen. Zu diesem Zweck übergießt man ihn am Filter mit einer Lösung von Kaliumchlorat in heißer verdünnter Salzsäure, die durch gelöstes *Chlor* gelb-grün gefärbt ist, und setzt die Behandlung unter „Hin- und Herfiltrieren" so lang fort, bis alles Kobalt- und Nickelsulfid gelöst ist. Man dampft dann die Lösung zur Vertreibung des überschüssigen Chlors bis fast zur Trockene ein, verdünnt mit etwas Wasser, filtriert nötigenfalls von ausgeschiedenem Schwefel ab und verwendet das Filtrat zu folgenden Reaktionen.

c) *Reaktion mit Ammoniumthiocyanat*[1]. Ein Teil der nach Abschnitt b (oben) erhaltenen Lösung wird mit Natriumcarbonatlösung bis zur schwach sauren Reaktion abgestumpft und mit so viel festem Ammoniumthiocyanat versetzt, daß ein Teil ungelöst verbleibt. Hierauf wird die Lösung mit einem Gemisch von Äther und Amylalkohol geschüttelt. Eine Blaufärbung der ätherischen Schicht, hervorgerufen durch *Ammonium-rhodanocobaltat(II)*, zeigt *Kobalt* an.

Störung

Eisen *[Spuren von Eisen(III)-Ion bedingen eine Rotfärbung, hervorgerufen durch Eisen(III)-thiocyanat, welches ebenfalls in Amylalkohol-Äther löslich ist]. — Ist die ätherische Schicht rot oder blaurot gefärbt, so versetzt man die Mischung nachträglich mit so viel festem, feingepulvertem Kaliumnatriumtartrat, daß die Rotfärbung verschwindet, wobei bisweilen gleichzeitig in der wäßrigen Schicht eine gelbliche Fällung eintritt. Nach kräftigem Schütteln tritt die Blaufärbung des Ammonium-rhodanocobaltats(II) deutlich in Erscheinung.*

d) *Reaktion mit Kaliumchlorid und Natriumnitrit*[1]. Ein Teil der nach Abschnitt b erhaltenen Lösung wird mit Natriumcarbonatlösung alkalisch gemacht, mit Essigsäure wieder angesäuert und mit einer konzentrierten Lösung von Kaliumchlorid und Natriumnitrit in verdünnter Essigsäure versetzt. Eine gelbe kristalline Fällung von *Kaliumnatrium-nitrocobaltat* zeigt *Kobalt* an.

---

[1] Probe c und d sind nur auszuführen, wenn bei Probe a kein eindeutig positives Ergebnis erhalten wurde.

b) Nachweis von Nickel

Eine Probe der nach S. 86, Absatz b, erhaltenen Lösung wird mit einer äthanolischen Lösung von Dimethylglyoxim versetzt und sodann mit Ammoniak alkalisch gemacht. Ein voluminöser roter Niederschlag von *Bis(dimethylglyoximato)-nickel(II)* zeigt *Nickel* an. Mit Eisen- und Kobaltsalzen entsteht nur eine rote bzw. rötlichbraune Färbung, aber kein Niederschlag.

B. Untersuchung des Filtrats (Mn, Zn)

a) Nachweis von Mangan

Die nach S. 85 erhaltene Lösung in etwa 4%iger Salzsäure wird durch Kochen von Schwefelwasserstoff befreit. Sodann versetzt man mit Natronlauge und Wasserstoffperoxid, beides im Überschuß, und erwärmt einige Minuten zum Sieden. Eine dunkelbraune Fällung von *Mangandioxidhydrat* zeigt *Mangan* an. Der Niederschlag, der gelegentlich auch etwas *Nickel* und *Kobalt* enthalten kann, wird abfiltriert, gründlich ausgewaschen und, wie folgt, auf Mangan geprüft.

Das **Filtrat** wird nach S. 88, Abschnitt b, weiterbehandelt.

Identifizierung

α) *Oxydationsschmelze.* An ein Magnesiastäbchen wird zunächst ein Gemisch von Kaliumnatriumcarbonat und Kaliumnitrat über der Sparflamme des Bunsenbrenners vorsichtig angeschmolzen. Hierauf bringt man eine sehr geringe Menge des Niederschlags an das Magnesiastäbchen und erhitzt kräftig in der Oxydationsflamme des nicht leuchtenden Bunsenbrenners, bis die Schmelze homogen geworden ist. Zeigt die Perle nach dem Erkalten eine grüne Färbung, hervorgerufen durch *Alkalimanganat*, so ist *Mangan* anwesend.

β) *Reaktion mit Bleidioxid und Salpetersäure.* Eine Probe des Niederschlages wird mit 1—2 g Bleidioxid und konz. Salpetersäure versetzt und 2 Minuten zum Sieden erhitzt (*Abzug!*). Hierauf verdünnt man mit Wasser und läßt absitzen. Eine violette Färbung der überstehenden Flüssigkeit, hervorgerufen durch *Permangansäure*, zeigt *Mangan* an.

Störung

Gelegentlich enthält Bleidioxid Spuren von Mangan, die einen Mangangehalt vortäuschen können. Man überzeuge sich durch einen Blindversuch davon, daß das verwendete Bleidioxid manganfrei ist.

b) Nachweis von Zink

Das nach Abschnitt a (oben) erhaltene Filtrat von der Manganfällung wird zur Entfernung des überschüssigen Wasserstoffperoxids stark eingedampft und, wie folgt, auf Zink geprüft.

a) *Fällung mit Schwefelwasserstoff.* Eine Probe der Lösung wird mit Essigsäure angesäuert und mit Schwefelwasserstoffwasser[1] versetzt. Ein weißer Niederschlag von *Zinksulfid* zeigt *Zink* an.

Identifizierung. Der Niederschlag wird abfiltriert, mit Wasser ausgewaschen und auf dem Filter zwischen Filtrierpapier abgepreßt. Man verbringt einen Teil des Niederschlags (bei geringen Mengen den ganzen Niederschlag samt Filter) in einen Porzellantiegel und befeuchtet nacheinander mit wenig verdünnter Salpetersäure und stark verdünnter Kobalt(II)-nitratlösung. Sodann wird stark geglüht. Eine grüne Färbung der Asche zeigt *Zink* an.

Störungen

1. ***Wasserstoffperoxid*** *(bei ungenügendem Eindampfen des Filtrats können geringe Mengen Wasserstoffperoxid zurückbleiben, welche eine Oxydation des Schwefelwasserstoffs zu weißlich erscheinendem Schwefel bedingen; dadurch Vortäuschung von Zinksulfid). — Eine Schwefelabscheidung ist erkennbar an der feineren Verteilung und dem bläulichen Durchscheinen des Tageslichts. Man setze gegebenenfalls das Eindampfen zur Zerstörung des Wasserstoffperoxids längere Zeit fort.*

2. ***Überschuß von Kobalt(II)-nitrat*** *[Bildung von schwarzem Kobalt-(II)-oxid; dadurch Verdeckung der grünen Färbung der Asche]. — Wiederholung der Reaktion mit weniger oder verdünnterer Kobalt(II)-nitratlösung.*

b) *Reaktion mit Kalium-cyanoferrat(II).* Eine Probe der Lösung wird mit Salzsäure schwach angesäuert und mit Kalium-cyanoferrat(II)-lösung versetzt. Ein weißer (häufig durch Verunreinigungen blau-grün erscheinender) Niederschlag von *Zink-cyanoferrat(II)* zeigt *Zink* an.

---

[1] An Stelle der Zugabe von Schwefelwasserstoffwasser kann auch *gasförmiger Schwefelwasserstoff* eingeleitet werden.

5. Erdalkalien und Magnesium

Ausfällung der Ammoniumcarbonatgruppe. Das nach S. 84, Abschnitt 4, erhaltene, von überschüssigem Ammoniumsulfid befreite Filtrat von der Ammoniumsulfidfällung wird ammoniakalisch gemacht, mit Ammoniumcarbonatlösung im Überschuß versetzt und kurze Zeit zum gelinden Sieden erwärmt[1]. Die ausgefällten *Erdalkalicarbonate* werden heiß filtriert, mit heißem Wasser ausgewaschen und nach S. 90, Abschnitt A, weiterbehandelt.

Das **Filtrat** von den Erdalkalicarbonaten (ohne die Waschwässer) wird auf Vollständigkeit der Fällung geprüft, indem man einen kleinen Teil desselben essigsauer macht und in Einzelproben einmal mit Ammoniumsulfatlösung, das andere Mal mit Ammoniumoxalatlösung versetzt, wobei keine Fällungen eintreten dürfen. Die Hauptmenge des Filtrats wird auf etwa $^1/_4$ ihres Volumens eingedampft und nach S. 92, Abschnitt B, auf *Magnesium*, nach S. 93, Abschnitt 6, auf *Alkalien* geprüft.

Störungen

*1. **Überschuß von Salzsäure** (Zugabe von zuviel Salzsäure bei der Zerstörung des überschüssigen Ammoniumsulfids kann die Bildung von Ammoniumchlorid in solchen Mengen verursachen, daß die Fällung der Erdalkalicarbonate beeinträchtigt wird). — Zur Verhinderung der Störung entfernt man vor der Zugabe des Ammoniaks die Hauptmenge der Salzsäure durch starkes Einengen der Lösung und nimmt sodann mit Wasser auf.*

*2. **Überschuß von Ammoniumsalzen** (Zu große Mengen von Ammoniumsalzen können die Fällung der Erdalkalicarbonate beeinträchtigen; sie können schon ursprünglich in der Substanz vorliegen oder bei der Ausfällung der Ammoniakgruppe entstanden sein oder zur Vermeidung der durch Borat bedingten Störung zugegeben worden sein). — Zur Vermeidung der Störung dampft man die Lösung zunächst zur Trockene ein, vertreibt die Hauptmenge der Ammoniumsalze durch gelindes Glühen, nimmt den Glührückstand nach dem Erkalten mit verdünnter Salzsäure auf und führt dann die Fällung der Ammoniumcarbonatgruppe wie angegeben durch.*

---

[1] Die Lösung muß bei der Ausfällung der Ammoniumcarbonatgruppe ausreichend *Ammoniumchlorid* enthalten, damit Magnesium nicht mit ausfällt. Bei Übungsanalysen genügt in der Regel die beim Neutralisieren der Salzsäure mit Ammoniak entstehende Menge Ammoniumchlorid; eine gesonderte Zugabe ist dann nicht mehr erforderlich. Ein zu großer Überschuß an Ammoniumchlorid kann auch auf Erdalkalicarbonate lösend wirken und ist daher zu vermeiden.

A. Nachweis von Barium, Strontium und Calcium

Die Trennung und der Nachweis von Barium, Strontium und Calcium sind nach einem der beiden nachfolgend beschriebenen Verfahren durchzuführen.

a) Chromat-Sulfat-Verfahren

Der mit Ammoniumcarbonat erhaltene, ausgewaschene Niederschlag wird mit wenig verdünnter Essigsäure vom Filter gelöst[1] und wie folgt weiter untersucht.

α) Nachweis von Barium

Die essigsaure Lösung wird im Reagensglas mit Kaliumchromatlösung im Überschuß — erkennbar an der gelben Färbung der Lösung — versetzt. Ein gelber Niederschlag von *Bariumchromat* zeigt *Barium* an.

An Stelle des Kaliumchromats kann auch eine Lösung von Kaliumdichromat und Natriumacetat verwendet werden.

β) Nachweis von Strontium

Das Filtrat von der Bariumfällung oder — bei Abwesenheit von Barium — die chromathaltige Lösung direkt wird mit Ammoniumsulfatlösung im Überschuß versetzt, zum Sieden erhitzt und etwa 10 Minuten bei erhöhter Temperatur gehalten, indem man die Lösung im Reagensglas von Zeit zu Zeit zum Sieden bringt und dann wieder abstellt. Ein weißer Niederschlag von *Strontiumsulfat* zeigt *Strontium* an.

Störung

Calcium *(Abscheidung von weißem Calciumsulfat). — Der Niederschlag von Calciumsulfat unterscheidet sich im Mikroskop durch seine Kristallform (nadelförmige Kristalle, häufig in Büscheln angeordnet) von dem kleinkörnigen Strontiumsulfat. Calciumsulfat löst sich ferner in verdünnter Salzsäure in der Kälte leicht auf, während Strontiumsulfat zum größten Teil ungelöst zurückbleibt.*

γ) Nachweis von Calcium

Das Filtrat von der Strontiumfällung wird mit Ammoniumoxalat im Überschuß versetzt. Eine weiße feinkristalline Fällung von *Calciumoxalat* zeigt *Calcium* an.

[1] Die Erdalkalifällung setzt sich bei Anwesenheit geringer Mengen manchmal an der Glaswandung fest, so daß nur geringe Anteile derselben auf das Filter gelangen. In diesem Fall ist auch das ausgewaschene Fällungsgefäß mit Essigsäure zu behandeln.

b) Äthanol-Verfahren

Der mit Ammoniumcarbonat erhaltene, ausgewaschene Niederschlag wird mit wenig verdünnter Salpetersäure vom Filter gelöst[1], wobei man als Auffanggefäß ein kleines Porzellanschälchen benützt. Die erhaltene Lösung wird zur Trockene eingedampft und der Salzrückstand sodann zur Entfernung der letzten Reste anhaftender Salpetersäure gelinde erhitzt, ohne daß ein Schmelzen oder Sintern der Salzmasse eintritt (150 bis 200° C).

α) Nachweis von Calcium

Der völlig trockene Rückstand wird nach dem Erkalten mit absolutem Äthanol extrahiert, indem man wiederholt mit wenig Äthanol verreibt und dann durch ein mit Äthanol angefeuchtetes Filter filtriert[2]. Die äthanolische Lösung, die das gesamte Calcium als Calciumnitrat enthält, wird mit etwas verdünnter Essigsäure versetzt und nach Verdampfen des Äthanols auf dem Wasserbad (Vorsicht, Feuergefahr!) mit Ammoniumoxalat auf *Calcium* geprüft.

Eine weiße, feinkristalline Fällung von *Calciumoxalat* zeigt *Calcium* an.

β) Nachweis von Barium

Der calciumfreie Rückstand wird mit verdünnter Essigsäure gelöst. Die erhaltene Lösung versetzt man im Reagensglas mit Kaliumchromatlösung im Überschuß — erkennbar an der gelben Färbung der Lösung. Ein gelber Niederschlag von *Bariumchromat* zeigt *Barium* an.

An Stelle des Kaliumchromats kann auch eine Lösung von Kaliumdichromat und Natriumacetat verwendet werden.

γ) Nachweis von Strontium

Das Filtrat von der Bariumfällung oder — bei Abwesenheit von Barium — die chromathaltige Lösung direkt wird mit

[1] Die Erdalkalifällung setzt sich bei Anwesenheit geringer Mengen manchmal an der Glaswandung fest, so daß nur geringe Anteile derselben auf das Filter gelangen. In diesem Fall ist auch das ausgewaschene Fällungsgefäß mit verdünnter Salpetersäure zu behandeln.

[2] Um eine Störung des nachfolgenden Barium- und Strontiumnachweises durch Calcium mit Sicherheit zu vermeiden, muß das vollständige Herauslösen des Calciumnitrats aus dem Rückstand mit besonderer Sorgfalt geschehen.

Ammoniumsulfatlösung im Überschuß versetzt, zum Sieden erhitzt und etwa 10 Minuten bei erhöhter Temperatur gehalten, indem man die Lösung im Reagensglas von Zeit zu Zeit zum Sieden bringt und dann wieder abstellt. Ein weißer Niederschlag von *Strontiumsulfat* zeigt *Strontium* an.

B. Nachweis von Magnesium

Eine Probe des nach S. 89, Abschnitt 5, erhaltenen, auf $^1/_4$ seines Volumens eingeengten Filtrats von der Ammoniumcarbonatfällung wird mit verdünnter Salzsäure angesäuert. Hierauf fügt man Dinatrium-hydrogenphosphatlösung zu, erhitzt zum Sieden und versetzt schließlich tropfenweise mit verdünntem Ammoniak bis zur alkalischen Reaktion. Bei Anwesenheit von *Magnesium* entsteht eine weiße kristalline Fällung von *Ammoniummagnesiumphosphat*. Sind nur geringe Mengen zugegen, so tritt die Fällung erst nach einiger Zeit ein.

Identifizierung. α) Unter dem Mikroskop sind sargdeckelförmige oder sternförmige Kristalle erkennbar. In Zweifelsfällen ist umzukristallisieren, indem man den abfiltrierten Niederschlag mit wenig verdünnter Salzsäure vom Filter löst, mit 1 Tropfen Dinatrium-hydrogenphosphatlösung versetzt und wiederum, wie angegeben, mit Ammoniak fällt.

Störung

Es treten an dieser Stelle bisweilen auch bei Abwesenheit von Magnesium weiße Fällungen auf, die jedoch unter dem Mikroskop nicht die kennzeichnende Kristallform zeigen. Die Angabe von Magnesium darf daher nur auf Grund der Kristallform des Niederschlages erfolgen.

β) Man filtriert die Fällung auf einem kleinen Filter ab, wäscht aus und übergießt den Niederschlag mit etwas verdünnter Natronlauge und einigen Tropfen einer äthanolischen Diphenylcarbazidlösung. Dann wäscht man mit heißem Wasser so lang aus, bis das Waschwasser farblos abläuft. Rotviolettfärbung des Niederschlags zeigt *Magnesium* an.

6. Trennung und Nachweis der Alkalien

a) Abtrennung des Sulfat- und Borat-Ions

Die Hauptmenge des nach S. 89, Abschnitt 5, erhaltenen, auf $^1/_4$ seines Volumens eingeengten Filtrats von der Ammoniumcarbonatfällung wird — sofern *Sulfat* und *Borat* abwesend sind — zur Untersuchung auf Alkalien nach Abschnitt b (unten) weiterbehandelt.

Enthält die Substanz dagegen *Sulfat* oder *Borat*, so müssen diese zuerst entfernt werden, da sie den Lithiumnachweis stören würden. Zu diesem Zweck wird die Hauptmenge des eingeengten Filtrates von der Ammoniumcarbonatfällung mit Barytwasser versetzt, bis keine weitere Fällung entsteht und die Lösung alkalisch reagiert. Man erhitzt zum Sieden und filtriert von dem das *Sulfat* und *Borat* sowie *einen Teil des Magnesiums*[1] enthaltenden Niederschlag ab, der zu vernachlässigen ist.

Das Filtrat wird zur Entfernung des überschüssigen Bariums mit Ammoniumcarbonatlösung versetzt. Hierauf wird erhitzt und von dem ausgefallenen *Bariumcarbonat* abfiltriert.

b) Entfernung der Ammoniumsalze

Das vorstehend erhaltene bariumfreie Filtrat oder — bei Abwesenheit von Sulfat und Borat — die Hauptmenge des eingeengten Filtrates von der Ammoniumcarbonatfällung wird in einer Abdampfschale zur Trockene eingedampft und sodann mit etwas verdünnter Salzsäure durchfeuchtet. Schließlich wird über freier Flamme erhitzt, bis kein weißer Rauch mehr entweicht[2]. Hierbei kommt die Masse zum Schmelzen und färbt sich durch Zersetzungsprodukte organischer Verunreinigungen schwarz. Man läßt erkalten, löst die Schmelze in heißem Wasser auf, filtriert vom ungelösten Rückstand (*Kohlenstoff*) ab und prüft Proben der Lösung mit Bariumchlorid und Salzsäure auf Abwesenheit von *Sulfat-Ion*, ferner mit verdünnter Schwefelsäure

---

[1] Die *Fällung des Magnesiums* ist nicht vollständig, da es durch das anwesende Ammoniumchlorid teilweise in Lösung gehalten wird. Der Nachweis der Alkalien wird hierdurch jedoch nicht gestört.

[2] Um die Ammoniumsalze völlig zu vertreiben, empfiehlt es sich, zum Schluß den Inhalt der Abdampfschale in einen Schmelztiegel überzuführen und darin nochmals zu glühen. Hierbei ist darauf zu achten, daß am oberen Rand des Schmelztiegels keine sublimierten Ammoniumsalze zurückbleiben.

auf Abwesenheit von *Barium-Ion* und mit NESSLERs Reagens auf Abwesenheit von *Ammonium-Ion*. Da die Hauptmenge der Lösung dem Nachweis der Alkalien dienen soll, sind diese Reaktionen nur mit einigen Tropfen der Lösung — notfalls nur mit je 1 Tropfen auf dem Uhrglas — auszuführen. Ist noch Sulfat-Ion oder Ammonium-Ion nachweisbar oder sind größere Mengen Barium-Ion anwesend, so ist die Behandlung nach Abschnitt a und b zu wiederholen.

c) Nachweis von Lithium

Die Hauptmenge der vom Kohlenstoff abfiltrierten Lösung wird in einer kleinen Abdampfschale eingedampft und über kleiner Flamme vorsichtig getrocknet, ohne daß die Masse zum Schmelzen kommt. Nach dem Erkalten verreibt man den Rückstand gründlich mit einigen Millilitern absolutem (unvergälltem) Äthanol (Pistill), filtriert durch ein trockenes Filter vom Ungelösten ab und bringt das Filtrat in einer kleinen Abdampfschale zur Entzündung. Eine rote oder rotgesäumte Flamme, die besonders beim Umrühren mit dem Glasstab in Erscheinung tritt, ist für *Lithium* beweisend. — Bei Betrachtung mit einem *geradsichtigen Handspektroskop* ist bei Anwesenheit von Lithium die *rote Lithiumlinie* deutlich zu erkennen.

d) Nachweis von Kalium

Der nach Abschnitt c (oben) verbliebene äthanolunlösliche Rückstand, welcher aus Kalium- und Natriumchlorid besteht, wird gründlich mit Äthanol ausgewaschen und nach dem Verdunsten der Hauptmenge des anhaftenden Äthanols in möglichst wenig Wasser gelöst. Eine Teilprobe der erhaltenen Lösung wird mit Essigsäure angesäuert und mit einer konzentrierten Lösung von Natrium-nitrocobaltat (BIILMANNs Reagens) versetzt. Eine gelbe kristalline Fällung von *Kaliumnatrium-nitrocobaltat* zeigt *Kalium* an.

In Zweifelsfällen kann der Nachweis des Kaliums in gleicher Weise auch im essigsauren Sodaauszug erfolgen. Im Falle der Anwesenheit von Ammonium-Ion hat man sich durch Prüfung mit NESSLERs Reagens zunächst davon zu überzeugen, daß dasselbe beim Kochen des Sodaauszuges vollständig vertrieben wurde.

e) Nachweis von Natrium

Der Rest der nach Abschnitt d (oben) erhaltenen Lösung des äthanolunlöslichen Rückstandes wird in 2 Proben auf Natrium geprüft.

a) *Prüfung mit Kalium-hydroxoantimonat.* Man versetze die Lösung auf einem Uhrglas mit der gleichen Menge einer gesättigten Lösung von Kalium-hydroxoantimonat[1] und überlasse die Mischung etwa $^1/_4$ Stunde sich selbst. Hierauf gieße man die Lösung ab und überzeuge sich von der Haftfestigkeit der Kristalle unter einem kräftigen Wasserstrahl der Wasserleitung. Eine festhaftende, weiße, kristalline Fällung von *Natrium-hydroxoantimonat,* die sich sandig anfühlt, zeigt *Natrium* an.

Störungen

1. ***Magnesium*** *(Bildung von Magnesium-hydroxoantimonat). — Bei Anwesenheit von Magnesium beschränkt sich der Natriumnachweis auf die in Absatz b angegebene Reaktion.*

2. Auch bei Abwesenheit von Natrium entstehen gelegentlich weiße Fällungen oder Trübungen, die aber im Gegensatz zu Natrium-hydroxoantimonat stets amorph sind und nicht an dem Uhrglas festhaften.

b) *Prüfung mit Magnesiumuranylacetat*[2]. Man versetze die möglichst konzentrierte wäßrige Lösung mit einer essigsauren Lösung von Magnesiumuranylacetat. Bei Anwesenheit von *Natrium* entsteht eine gelbe kristalline Fällung (*Natrium-magnesium-uranylacetat*) von charakteristischer Kristallform.

In Zweifelsfällen führe man die Reaktion unter dem *Mikroskop* aus, indem man auf dem Objektträger einen Tropfen der zu untersuchenden Lösung neben einen Tropfen der Reagenslösung aufträgt und sodann mit einem zu einer Spitze ausgezogenem Glasstab beide Tropfen vereinigt.

---

[1] Zur *Herstellung der Kalium-hydroxoantimonatlösung* erhitzt man das Salz im Reagensglas mit Wasser einige Sekunden zum Sieden, kühlt unter der Wasserleitung ab und filtriert. Das Filtrat ist meist durch ausgeschiedene Antimonsäure etwas getrübt, wodurch die Reaktion aber nicht gestört wird.

[2] Nur auszuführen, wenn bei Probe a kein eindeutig positives Ergebnis erhalten wurde.

II. Untersuchung des unlöslichen Rückstands[1]

Zur Untersuchung des in Salzsäure und Königswasser unlöslichen Rückstands stellt man sich eine größere Menge[2] desselben her, indem man 2—5 g Substanz zuerst einige Minuten mit verdünnter Salzsäure und dann ebenso lang mit Königswasser kocht[3] (*Abzug!*). Man verdünnt mit Wasser, filtriert und wäscht mit heißem Wasser gründlich aus (Filtrat und Waschwässer sind zu vernachlässigen).

Bemerkung

Ist elementarer Schwefel oder Phosphor zugegen oder liegen Stoffe vor, aus denen bei der Behandlung mit Säure Schwefel gebildet wird (Polysulfid, Thiosulfat, Thiocyanat), so empfiehlt es sich, die Behandlung mit Königswasser längere Zeit fortzusetzen oder den mit Königswasser verbliebenen Rückstand nochmals in der Hitze mit konz. Salpetersäure zu behandeln, um den Schwefel und Phosphor durch Oxydation vollkommen in Lösung überzuführen. — Größere Mengen Schwefel lassen sich auch durch vorhergehende Extraktion der Substanz mit Kohlendisulfid entfernen.

Störung

Cyanoferrat(II), Cyanoferrat(III) *(Aufspaltung des Komplex-Ions beim Kochen mit Salzsäure, Königswasser oder Salpetersäure; dadurch Ausfällung von Berlinerblau. Dies würde dazu führen, daß einerseits die Entfernung aus dem unlöslichen Rückstand, wie nachfolgend angegeben, durchgeführt werden muß sowie andererseits dazu, daß fälschlich Eisen als Kation gefunden wird). — Bei Anwesenheit von Cyanoferrat(II) oder Cyanoferrat(III) (nachgewiesen im Sodaauszug) ist die Substanz vor der Behandlung mit heißer verdünnter Salzsäure zunächst mit kalter verdünnter Salzsäure auszulaugen und die entstehende Lösung durch Filtration oder Dekantieren abzutrennen, um das Cyanoferrat(II) bzw. Cyanoferrat(III) zu beseitigen, ohne daß eine Spaltung eintritt. Erst dann wird die Substanz, wie angegeben, mit heißer Salzsäure weiterbehandelt.*

---

[1] Es empfiehlt sich zur Zeitersparnis, die Herstellung, die im feuchten Zustand durchzuführenden Operationen und die Trocknung des unlöslichen Rückstandes schon während der Untersuchung der salzsauren Lösung auf Kationen vorzunehmen (vgl. S. 58).

[2] Die nach S. 57 erhaltene Menge an unlöslichem Rückstand reicht meistens für seine Untersuchung nicht aus.

[3] Wurde bei der Auflösung der Substanz (zwecks Untersuchung der in Lösung gehenden Anteile) nach S. 59 *Salpetersäure* verwendet, so ist auch zur Herstellung des unlöslichen Rückstands Salpetersäure anzuwenden.

Der unlösliche Rückstand kann folgende Stoffe enthalten:

Berlinerblau[1]	$Fe_4[Fe(CN)_6]_3$	blau,
Kupfer(II)-cyanoferrat(II)	$Cu_2[Fe(CN)_6]$	braun,
Silberchlorid	$AgCl$	weiß,
Silberbromid	$AgBr$	gelblich-weiß,
Silberjodid[2]	AgJ	hellgelb,
Blei(II)-sulfat	$PbSO_4$	weiß,
Kohlenstoff	C	schwarz,
Bariumsulfat	$BaSO_4$	weiß,
Strontiumsulfat	$SrSO_4$	weiß,
Chrom(III)-oxid	Cr_2O_3	grün,
Eisen(III)-oxid	Fe_2O_3	rot-braun,
Aluminiumoxid	Al_2O_3	weiß,
Zinndioxid	SnO_2	gelblich-weiß,
Antimonoxide	z. B. Sb_2O_5	gelblich-weiß,
Kieselsäure	z. B. H_2SiO_3	weiß,
Silicate[3]	z. B. $KAlSi_3O_8$	meist weiß,
Erdalkalifluoride[4]	z. B. CaF_2	weiß.

Die genannten Stoffe lassen sich in 2 Gruppen einteilen, von denen die eine Gruppe solche Stoffe umfaßt, die durch geeignete Lösungsmittel in Lösung gebracht werden können, während die Bestandteile der zweiten Gruppe durch Schmelzen mit Aufschlußmitteln der Untersuchung zugänglich gemacht werden müssen.

Man entfernt zunächst ohne vorhergehende Trocknung alle *in Lösungsmitteln löslichen Stoffe*, indem man den gesamten Rückstand aufeinanderfolgend

[1] Es ist nur *Berlinerblau [Eisen(III)-cyanoferrat(II)]* angeführt, da *Turnbullsblau* hiermit identisch ist bzw. allmählich in Berlinerblau übergeht.

[2] Sonstige schwer lösliche Silbersalze, wie *Silbercyanid, -thiocyanat, -cyanoferrat(II), -cyanoferrat(III)* gehen bei der Behandlung mit Salzsäure und Königswasser unter den angegebenen Arbeitsbedingungen im allgemeinen vollständig in *Silberchlorid* über, so daß mit ihrer Anwesenheit im unlöslichen Rückstand nicht zu rechnen ist. Auch bei *Silberbromid* wird die Umwandlung in den meisten Fällen vollständig sein, so daß es im unlöslichen Rückstand nur selten vorliegt.

[3] Von den *Silicaten* werden manche bei der Behandlung mit Salzsäure und Königswasser nur langsam und unvollständig zerlegt; andere werden überhaupt nicht angegriffen. Bei Übungsanalysen (mit Ausnahme der Gesteinsanalysen) werden üblicherweise nur solche Silicate ausgegeben, die bei genügender Behandlung mit Säuren ganz oder zum größten Teil in die löslichen *Chloride der Kationen* und unlösliche *Kieselsäure* aufgespalten werden, so daß in diesem Fall die an Silicat gebundenen Kationen in der salzsauren Lösung nachweisbar sind.

[4] Bei der Behandlung mit Salzsäure und Königswasser können *Erdalkalifluoride* teilweise im unlöslichen Rückstand verbleiben. Die Menge des löslichen Anteils genügt jedoch in den meisten Fällen, um die ursprünglich an Fluorid gebundenen Kationen in der salzsauren Lösung nachzuweisen.

mit den angegebenen Flüssigkeiten behandelt. Sodann trocknet man den Rückstand, glüht nötigenfalls zur Verbrennung des Kohlenstoffs und führt mit Teilproben des verbliebenen Rests die angegebenen Aufschlüsse durch.

Die Behandlung des unlöslichen Rückstands ist im wesentlichen auf die Ermittlung der Kationen gerichtet, da die noch im Rückstand vorhandenen Anionen meist schon an anderer Stelle nachgewiesen worden sind. Aus diesem Grund ist auch der Aufschluß und Nachweis der *Kieselsäure* im unlöslichen Rückstand im allgemeinen entbehrlich. Nur wenn mit der Anwesenheit *unzerlegbarer Silicate* gerechnet werden muß (*Gesteinsanalysen*), ist die in Abschnitt d (S. 106) angegebene *Sodaschmelze mit nachfolgender Salzsäurebehandlung* durchzuführen.

Ein gesonderter Aufschluß der *Erdalkalifluoride* ist aus dem angeführten Grund ebenfalls nicht erforderlich, da Fluorid bei den Reaktionen aus der Substanz erkannt wird und die an Fluorid gebundenen Erdalkalien stets auch in der salzsauren Lösung nachgewiesen werden können. Muß jedoch die Sodaschmelze zum Aufschluß der unlöslichen *Erdalkalisulfate* ausgeführt werden, so treten die im unlöslichen Rückstand als Fluoride enthaltenen Erdalkalien hier in Erscheinung.

1. Behandlung mit Lösungsmitteln

a) Entfernung und Nachweis von Berlinerblau und Kupfer-cyanoferrat(II)

Nur auszuführen, wenn der unlösliche Rückstand gefärbt ist und im Sodaauszug *Cyanoferrat(II)* oder *Cyanoferrat(III)* nachgewiesen wurde.

Der unlösliche Rückstand wird kurze Zeit mit Sodalösung gekocht; sodann wird filtriert und der Rückstand mit heißem Wasser ausgewaschen. Im Filtrat prüft man nach dem Ansäuern mit Salzsäure durch Zugabe von Eisen(III)-chloridlösung bzw. Eisen(II)-sulfatlösung auf *Cyanoferrat(II)* und *Cyanoferrat(III)*, um sich zu überzeugen, ob tatsächlich ein komplexes Cyanid im unlöslichen Rückstand vorliegt.

Fällt eine dieser Reaktionen positiv aus, so kocht man den Filterrückstand nochmals mit neuer Sodalösung und prüft das zweite Filtrat wieder in gleicher Weise auf *Cyanoferrat(II)* und *Cyanoferrat(III)*. Diese Behandlung ist so oft zu wiederholen, bis im Filtrat beide Reaktionen negativ ausfallen (in den meisten Fällen genügt eine zweimalige Behandlung).

Der gründlich ausgewaschene Filterrückstand, der neben sonstigen unlöslichen Stoffen durch die Behandlung mit Sodalösung gebildetes *Eisen(III)-hydroxid* und *Kupfer(II)-hydroxidcarbonat* enthalten kann, wird nach Durchstoßen des Filters mit Wasser in ein Reagensglas gespült und mit verdünnter Salzsäure erwärmt, um alles Eisen(III)-hydroxid und Kupfer(II)-hydroxidcarbonat in Lösung zu bringen. Man filtriert, wäscht mit heißem Wasser aus und prüft im Filtrat nach S. 77, Abschnitt a, Identifizierung, mit Ammoniumthiocyanat auf *Eisen* und nach S. 69, Abschnitt γ, durch Ammoniakalisch-machen auf *Kupfer*. Liegen Eisen und Kupfer gleichzeitig vor, so filtriert man das in der ammoniakalischen Lösung ausgeschiedene Eisen(III)-hydroxid nötigenfalls ab, um die durch Kupfer hervorgerufene Blaufärbung im Filtrat erkennen zu können.

Bemerkungen

1. Enthält der unlösliche Rückstand Bariumsulfat, Strontiumsulfat oder Blei(II)-sulfat, so können diese beim Kochen mit Sodalösung teilweise in Barium-, Strontium- oder Bleicarbonat übergeführt werden, welche dann bei der nachfolgenden Behandlung mit Salzsäure in Lösung gehen. Sind nur geringe Mengen der genannten Sulfate zugegen, so kann die Überführung in Carbonat — besonders bei mehrmaliger Behandlung mit Sodalösung — quantitativ verlaufen und es können hierdurch Bariumsulfat, Strontiumsulfat und Bleisulfat dem Nachweis entgehen.

Wurde bei der Untersuchung des Sodaauszuges Sulfat nachgewiesen und ist daher mit dieser Störung zu rechnen, so prüft man eine Probe des nach dem Kochen mit Sodalösung erhaltenen Filtrats durch Ansäuern mit Salzsäure und Zugabe von Bariumchloridlösung auf Sulfat, um festzustellen, ob im Rückstand unlösliche Sulfate vorliegen. Ist dies der Fall, so ist die salzsaure Lösung des Filterrückstandes auch auf Barium, Strontium und Blei zu untersuchen: Man überzeugt sich zunächst durch Vorversuche, ob Blei oder Kupfer einerseits und Eisen andererseits zugegen sind, indem man eine Probe der salzsauren Lösung mit Schwefelwasserstoffwasser, eine zweite Probe mit Ammoniumthiocyanatlösung versetzt. Gegebenenfalls wird sodann in der Hauptmenge der salzsauren Lösung Blei und Kupfer durch Schwefelwasserstoff und Eisen durch Ammoniak ausgefällt und das Filtrat nach S. 90, Abschnitt α und β, auf Barium und Strontium geprüft. Der Nachweis von Blei und Kupfer in der mit Schwefelwasserstoff erhaltenen Fällung erfolgt nach S. 69, Abschnitt β und γ.

2. Enthält der unlösliche Rückstand Kieselsäure, so kann diese als Natriumsilicat ganz oder teilweise in Lösung gehen. Beim Ansäuern des Filtrats mit Salzsäure zwecks Prüfung auf Cyanoferrat(II) und Cyanoferrat(III) kann dann eine weiße voluminöse Fällung von Kieselsäure auftreten, die vor der weiteren Untersuchung abfiltriert wird. Eine Störung tritt dadurch nicht ein.

b) Entfernung und Nachweis von Silberchlorid und Silberbromid

Ist der unlösliche Rückstand weiß, so benetzt man einen kleinen Teil desselben zunächst mit Ammoniumsulfid. Tritt hierbei keine Schwarzfärbung ein, so sind *Silberchlorid, Silberbromid, Silberjodid* und *Blei(II)-sulfat* abwesend[1] und die Prüfung darauf kann unterbleiben. Anderenfalls verfährt man wie folgt.

Der nötigenfalls nach Abschnitt a (oben) von Cyanoferraten befreite unlösliche Rückstand wird in der Kälte einige Minuten mit 25%igem Ammoniak digeriert und die Mischung sodann filtriert.

Im Filtrat prüft man durch Ansäuern mit verdünnter Salpetersäure auf Silber. Eine weiße bzw. gelbliche Fällung von *Silberchlorid* oder *Silberbromid* zeigt *Silber* an.

Fällt die Reaktion positiv aus, so wiederholt man die Behandlung des Rückstandes in gleicher Weise so oft, bis alles Silberchlorid und Silberbromid entfernt ist.

Bemerkung

Bei Anwesenheit von Silber können Chlorid, Bromid, Jodid, Cyanoferrat(II), Cyanoferrat(III), Cyanid und Thiocyanat dem Nachweis im Sodaauszug entgehen. Ist Silber nachgewiesen, so prüfe man nach S. 41, Abschnitt 5, Störung 3; S. 42, Abschnitt 6, Störung 5; S. 43, Abschnitt 7, Störung 3; S. 44, Abschnitt 8, Störung 5; S. 45, Abschnitt 9—10, Störung 3, und S. 47, Abschnitt 11a, Störung 6, auf die genannten Ionen.

c) Entfernung und Nachweis von Blei(II)-sulfat

Nur auszuführen, wenn bei der Prüfung mit Ammoniumsulfid nach Abschnitt b (oben) eine Schwarzfärbung des Rückstandes eingetreten ist.

Der nötigenfalls nach Abschnitt a und b (oben) vorbehandelte unlösliche Rückstand wird unter gelindem Erwärmen mit einer gesättigten Lösung von Kaliumnatriumtartrat in Ammoniak digeriert und die erhaltene Mischung sodann filtriert.

Im Filtrat prüft man auf Blei, indem man einen Teil mit Ammoniumsulfid, einen zweiten Teil mit verdünnter Schwefelsäure bis zur sauren Reaktion versetzt. Eine schwarze, bei Anwesenheit geringer Mengen von Blei braun erscheinende Fällung von *Blei(II)-sulfid* bzw. eine weiße Fällung von *Blei(II)-sulfat* zeigt *Blei* an.

Fällt die Reaktion positiv aus, so wiederholt man die Behandlung des Rückstandes in gleicher Weise so oft, bis alles Blei entfernt ist.

---

[1] Die Reaktion ist nur dann beweisend, wenn bei der Herstellung des unlöslichen Rückstandes und der etwaigen Entfernung der Cyanoferrate nach S. 98, Abschnitt a, *sehr gründlich ausgewaschen* wurde.

Störung

Berlinerblau, Kupfer-cyanoferrat(II) *[bei der Entfernung von Berlinerblau und Kupfer-cyanoferrat(II) aus dem unlöslichen Rückstand durch Kochen mit Sodalösung wurde auch Blei(II)-sulfat teilweise oder — bei Anwesenheit geringer Mengen — vollständig mit aufgeschlossen; es ist dann in der mit Kaliumnatriumtartrat und Ammoniak erhaltenen Lösung gegebenenfalls nicht mehr nachweisbar]. — Vgl. S. 99, Abschnitt a, Bemerkung 1.*

d) Entfernung und Nachweis von Silberjodid

Nur auszuführen, wenn bei der Prüfung mit Ammoniumsulfid nach S. 99, Abschnitt b, eine Schwarzfärbung des Rückstandes eingetreten ist und eine erneute Prüfung mit Ammoniumsulfid an dieser Stelle — also nach Abtrennung von Silberchlorid, Silberbromid und Bleisulfat — wiederum eine Schwarzfärbung ergibt.

Der nötigenfalls nach Abschnitt a bis c (oben) vorbehandelte unlösliche Rückstand wird nach Durchstoßen des Filters mit Wasser in ein Reagensglas gespült, mit der gleichen Menge Zinkstaub und verdünnter Schwefelsäure versetzt und einige Minuten zum Sieden erhitzt. Man filtriert von dem unlöslich verbliebenen Rückstand, der *metallisches Silber* und überschüssiges *Zink* enthält, ab.

Das Filtrat, welches das ursprünglich an Silber gebundene Jod als *Jodid* enthält, wird nach S. 45, Abschnitt 9—10, mit Chloroform und Chloraminlösung auf Jodid geprüft.

Fällt die Reaktion positiv aus, so wiederholt man die Behandlung des Rückstandes in gleicher Weise so oft, bis alles Silberjodid entfernt ist.

Der gründlich ausgewaschene Filterrückstand wird sodann mit heißer verdünnter Salpetersäure behandelt, um das *metallische Silber* in Lösung überzuführen. Man filtriert, wäscht mit heißem Wasser aus und prüft das Filtrat durch Zugabe von verdünnter Salzsäure auf *Silber*.

2. Entfernung und Nachweis des Kohlenstoffs

Nur auszuführen, wenn der nötigenfalls nach Abschnitt 1 (oben) vorbehandelte Rückstand dunkel gefärbt ist.

Der nötigenfalls nach Abschnitt 1 a—d vorbehandelte Rückstand wird nach gründlichem Auswaschen mit heißem Wasser vom Filter abgehoben und getrocknet.

a) Prüfung auf Kohlenstoff

Eine kleine Probe des getrockneten Rückstands wird in einem Reagensglas mit der doppelten Menge gepulverten Kupferoxids gründlich vermischt und sodann bei möglichst senkrechter Haltung über der Flamme des Bunsenbrenners erhitzt. Bei Anwesenheit von *Kohlenstoff* entsteht *Kohlendioxid*, das sich im unteren Teil des Reagensglases ansammelt. Zu seinem Nachweis hält man einen Tropfen Barytwasser an einem Glasstab in das Reagensglas, ohne dabei die Wandungen zu berühren. Eine weiße Trübung des Barytwassertropfens durch *Bariumcarbonat* zeigt Kohlendioxid an und beweist damit die Anwesenheit von *Kohlenstoff* in der Substanz.

b) Entfernung des Kohlenstoffs

Ist nach Abschnitt a (oben) der Nachweis des Kohlenstoffs erbracht, so erhitzt man den verbliebenen Rest des nötigenfalls nach Abschnitt 1a—d vorbehandelten Rückstandes in einem unbedeckten Schmelztiegel zum Glühen, bis der Kohlenstoff vollständig verbrannt ist.

3. Aufschlußverfahren

Der nötigenfalls nach Abschnitt 1 und 2 (oben) vorbehandelte unlösliche Rückstand wird — sofern dies nicht schon beim Nachweis des Kohlenstoffs nach Abschnitt 2 geschehen ist — vom Filter abgehoben und getrocknet. In Einzelproben des getrockneten Rückstandes führt man sodann folgende Aufschlüsse durch.

a) Sodaschmelze[1]

(Aufschluß von Bariumsulfat und Strontiumsulfat[2])

Nur auszuführen, wenn die Substanz *Sulfat, Sulfid, Sulfit, Thiosulfat, Thiocyanat* oder *elementaren Schwefel* enthält. Ist dies der Fall, so überzeugt man sich durch die *Heparprobe* (auszuführen nach S. 52, Abschnitt 16, Identifizierung)

---

[1] Reicht die Zeit oder die Menge des verbliebenen Rückstands zur Ausführung der Sodaschmelze nicht mehr aus, so lassen sich aus der *Flammenfärbung* behelfsmäßige Anhaltspunkte bezüglich der Anwesenheit von *Barium* und *Strontium* erhalten.

[2] Durch die Sodaschmelze werden gleichzeitig unlösliche *Erdalkalifluoride* mit aufgeschlossen.

davon, ob der unlösliche Rückstand selbst *Sulfat* enthält[1]. Zutreffendenfalls muß die Sodaschmelze ausgeführt werden; im Fall der Abwesenheit von Sulfat ist sie entbehrlich.

Die aufzuschließende Probe des unlöslichen Rückstands wird in einer Reibschale mit der 4—5fachen Menge eines Gemisches gleicher molekularer Mengen von wasserfreiem Natriumcarbonat und Kaliumcarbonat („*Kaliumnatriumcarbonat*") verrieben und dann 10—15 Minuten in einem Porzellan- oder Nickeltiegel erhitzt, wobei eine homogene Schmelze entstehen muß. Das Erhitzen erfolgt unter Bedeckung mit einem Porzellan- bzw. Nickeldeckel unter Anwendung möglichst hoher Temperaturen.

Die Schmelze wird nach dem Erkalten mit heißem Wasser ausgelaugt, indem man — wenn ein *Porzellantiegel* verwendet wurde — den Tiegel samt Inhalt schrägliegend in einem kleinen Becherglas mit einer nicht zu großen Menge Wasser erwärmt. — Bei Verwendung eines *Nickeltiegels* hält man den letzteren noch heiß mit der Tiegelzange in kaltes Wasser (Porzellanschale), ohne daß das Wasser über den Tiegelrand in das Innere übertritt. Den hierdurch von der Wandung sich ablösenden[2] Schmelzkuchen bringt man dann in ein Becherglas und behandelt ihn mit einer nicht zu großen Menge heißen Wassers.

Der Rückstand, der *Bariumcarbonat* und *Strontiumcarbonat* enthält, wird abfiltriert, mit heißem Wasser gründlich ausgewaschen und mit Essigsäure vom Filter gelöst. In der erhaltenen Lösung prüft man nach S. 90, Abschnitt α und β, auf *Barium* und *Strontium*[3].

Bemerkungen

1. Steht nur wenig Rückstand zur Verfügung, so empfiehlt es sich, die Sodaschmelze mit dem bei der Disulfatschmelze ungelöst verbliebenen Rückstand, der die Gesamtmenge der unlöslichen Erdalkalisulfate enthält, auszuführen.

---

[1] Bei der Auflösung der Substanz in Salzsäure und Königswasser kann aus den genannten Schwefelverbindungen und aus elementarem Schwefel *Sulfat* gebildet werden, das zur Bildung von *unlöslichen Erdalkalisulfaten* führt.

[2] Wenn nötig, ist die Ablösung des Schmelzkuchens von der Tiegelwandung durch vorsichtiges Klopfen (Holzgegenstand) zu fördern.

[3] An dieser Stelle muß, falls mit der Anwesenheit unlöslicher *Erdalkalifluoride* zu rechnen ist, auch nach S. 90, Abschnitt γ, oder S. 91, Abschnitt α, auf *Calcium* geprüft werden (bei Wahl des letzteren Verfahrens muß die Auflösung der Carbonatfällung nicht mit Essigsäure, sondern mit verdünnter Salpetersäure vorgenommen werden).

2. Durch die Sodaschmelze werden auch Oxide [z. B. Zinndioxid, Antimon(V)-oxid, Aluminiumoxid] in geringer Menge aufgeschlossen. Von ihnen geht ein Teil beim Auslaugen mit Wasser in Lösung, während der Rest der aufgeschlossenen Oxide zu den Erdalkalicarbonaten gelangen kann. Eine Störung wird hierdurch bei der Untersuchung der essigsauren Lösung auf Barium und Strontium jedoch im allgemeinen nicht hervorgerufen.

3. Durch die Sodaschmelze wird auch Kieselsäure in wasserlösliches Alkalisilicat übergeführt; ferner werden unlösliche Silicate unter Bildung von wasserlöslichem Alkalisilicat und in Wasser unlöslichen Carbonaten zerlegt. Eine Störung wird dadurch nicht bedingt. — Dem speziellen Nachweis der an Silicat gebundenen Kationen dient das in Abschnitt d (S. 106) beschriebene Aufschlußverfahren.

Störung

Berlinerblau, Kupfer-cyanoferrat(II) *[bei der Entfernung unlöslicher Cyanoferrate(II) aus dem unlöslichen Rückstand durch Kochen mit Sodalösung wurde auch Bariumsulfat und Strontiumsulfat teilweise oder — bei Anwesenheit geringer Mengen — vollständig mit aufgeschlossen; es ist dann in der Sodaschmelze unter Umständen nicht mehr nachweisbar].* — Vgl. S. 99, Bemerkung 1.

b) Disulfatschmelze

[Aufschluß von Chrom(III)-oxid[1], Eisen(III)-oxid, Aluminiumoxid]

Die aufzuschließende Probe des unlöslichen Rückstandes wird mit der 6—10fachen Menge Kaliumdisulfat gründlich verrieben (Reibschale) und sodann in einem bedeckten Porzellantiegel unter allmählicher Steigerung der Temperatur mit der Flamme des Bunsenbrenners erhitzt, bis die Schmelze durchsichtig geworden ist (etwa 10—15 Minuten) (*Abzug!*).

Man läßt die Schmelze, die die *Sulfate des Chroms, Aluminiums* und *Eisens* enthält, erkalten und behandelt sie sodann mit heißem Wasser, indem man den Tiegel samt Inhalt schrägliegend in einem kleinen Becherglas mit einer nicht zu großen Menge Wasser längere Zeit gelinde erwärmt. Hierauf wird nötigenfalls von dem

[1] Der Nachweis von Chrom(III)-oxid, das bei der Disulfatschmelze nur teilweise aufgeschlossen wird, läßt sich in einfacher Weise auch durch die *Oxydationsschmelze* erbringen. Zu diesem Zweck wird an ein Magnesiastäbchen zunächst ein Gemisch von Kaliumnatriumcarbonat und Kaliumnitrat über der Sparflamme des Bunsenbrenners vorsichtig angeschmolzen. Hierauf bringt man eine geringe Menge des unlöslichen Rückstandes an das Magnesiastäbchen und erhitzt kräftig in der Oxydationsflamme des nicht leuchtenden Brenners, bis die Schmelze homogen geworden ist. Nach dem Erkalten ist die Schmelze bei Anwesenheit von *Chrom* durch *Alkalichromat gelb* gefärbt.

ungelöst verbliebenen Rückstand, der aus *Erdalkalisulfaten, Kieselsäure, unlöslichen Silicaten* und etwa *nicht vollständig aufgeschlossenen Oxiden* bestehen kann, abfiltriert.

Das Filtrat wird in der Siedehitze mit Ammoniumchlorid und Ammoniak bis zur eben alkalischen Reaktion versetzt. Man filtriert und wäscht mit heißem Wasser aus. Die Fällung kann *Chrom, Eisen* und *Aluminium* als Hydroxide enthalten und wird nach S. 76, Abschnitt A, weiterbehandelt.

c) Soda-Schwefelschmelze

(Aufschluß von Zinndioxid[1] und Antimonoxiden)

Die aufzuschließende Probe des unlöslichen Rückstandes wird mit etwa 4 Teilen Kaliumnatriumcarbonat und 2 Teilen Schwefel gründlich verrieben (Reibschale). Hierauf wird die Mischung in einem bedeckten Porzellantiegel zuerst gelinde (nur bis zum Sintern) erhitzt und dann etwa 15 Minuten über der Flamme eines Bunsenbrenners stärker geglüht, bis der überschüssige Schwefel abdestilliert oder verbrannt ist (*Abzug!*).

Nach dem Erkalten wird die Schmelze mit heißem Wasser ausgelaugt, indem man den Tiegel samt Inhalt schrägliegend in einem kleinen Becherglas mit einer nicht zu großen Menge Wasser längere Zeit gelinde erwärmt. Man filtriert von dem ungelöst verbliebenen Rückstand ab und säuert das Filtrat, welches *Alkalithiostannat* und *Alkalithioantimonat* enthält, zur Ausfällung der Sulfide mit verdünnter Salzsäure an (*Abzug!*). Der entstandene Niederschlag wird schließlich nach S. 66 weiterbehandelt und nach S. 67, Abschnitt β und γ, auf *Zinn* und *Antimon* untersucht.

---

[1] Der Nachweis von *Zinndioxid* läßt sich in einfacher Weise auch durch die *Zinnperle* erbringen. Zu diesem Zweck wird an ein Magnesiastäbchen zunächst ein Gemisch von Phosphorsalz, Kaliumnitrat und Kupfer(II)-acetat (Zusammensetzung der Mischung siehe S. 112, Anmerkung 1) über der Sparflamme des Bunsenbrenners vorsichtig angeschmolzen und so lang erhitzt, bis die Gasentwicklung beendet ist. Hierauf bringt man eine geringe Menge des unlöslichen Rückstandes an das Magnesiastäbchen und erhitzt kräftig in der Oxydationsflamme des nicht leuchtenden Brenners, bis die Schmelze homogen geworden ist. Darauf hält man die Probe etwa $^1/_2$ Minute in den oberen Teil des inneren blauen Reduktionskegels. Bei Anwesenheit von *Zinn* tritt — gelegentlich schon in der Flamme, häufiger erst beim Abkühlen — eine rote, fast durchsichtige Färbung auf.

Bemerkung

Zinndioxid kann neben geringfügigen Einschlüssen anderer Metalloxide auch Arsenat und Phosphat enthalten. Liegt viel Zinndioxid (Metazinnsäure) und wenig Arsenat oder Phosphat vor, so kann es vorkommen, daß Phosphat und Arsen hierdurch dem Nachweis entgehen. Ist mit dieser Möglichkeit zu rechnen, so prüft man in der Soda-Schwefelschmelze auch auf die genannten Ionen.

Zu diesem Zweck verfährt man, wie oben angegeben, mit dem Unterschied, daß der mit verdünnter Salzsäure erhaltene Sulfidniederschlag auch auf Arsen geprüft wird (Behandlung nach S. 64, Abschnitt a) und daß ferner das salzsaure Filtrat von dem Sulfidniederschlag nach Vertreiben der Hauptmenge Salzsäure und Aufnehmen mit verdünnter Salpetersäure nach S. 21, Abschnitt 8, auf Phosphat geprüft wird.

Störung

Eisen *[Bildung von kolloidem Eisensulfid bei Anwesenheit von Eisen(III)-oxid im unlöslichen Rückstand]. — Ist die wäßrige Lösung nach der Filtration trübe oder schmutzig-grün gefärbt, so kocht man sie entweder mit Kaliumchlorid oder mit Zellstoffbrei (aus 1/4 Filtrierstofftablette herzustellen) und filtriert nochmals. Das Filtrat soll nach dieser Behandlung klar und gelb gefärbt sein.*

d) Sodaschmelze mit nachfolgender Salzsäurebehandlung

(Aufschluß von unzerlegbaren Silicaten)

Nur auszuführen, wenn nach S. 24, Abschnitt 11, Silicat nachgewiesen wurde und die Möglichkeit besteht, daß durch Säure nicht angreifbare Silicate (z. B. Mineralien, Gesteine, Glas, Porzellan) vorliegen.

Die aufzuschließende Probe des unlöslichen Rückstands wird zunächst, wie in Abschnitt a (S. 102, unten) angegeben, mit Kaliumnatriumcarbonat geschmolzen.

Hierfür verwendet man einen *Nickel-* oder noch besser einen *Platintiegel* (bei Verwendung eines Porzellantiegels muß damit gerechnet werden, daß das Tiegelmaterial mit aufgeschlossen wird, wodurch Störungen entstehen können).

Die Schmelze wird nach S. 103 in ein Becherglas verbracht und mit verdünnter Salzsäure versetzt (*keine vorherige Entfernung der wasserlöslichen Anteile*). Hierauf wird die erhaltene Aufschwemmung, ohne von den ungelösten Anteilen abzufiltrieren, bis fast zur Trockene eingedampft.

Der Rückstand wird sodann noch 2mal mit konz. Salzsäure abgeraucht, um dadurch die letzten Reste von gelöst verbliebener *Kieselsäure* unlöslich zu machen. Schließlich nimmt man den Abdampfrückstand mit verdünnter Salzsäure auf, erwärmt zum beginnenden Sieden und filtriert von dem ungelöst verbliebenen Rückstand, der neben *Kieselsäure* auch *Erdalkalisulfate* und *unlösliche Oxide* enthalten kann, ab.

Das Filtrat enthält alle Kationen, die ursprünglich an Silicat gebunden waren, und wird der Gesamtanalyse auf Kationen nach S. 59, Abschnitt I, unterworfen. Hierbei sind alle Kationen mit Ausnahme der Alkalien zu berücksichtigen.

Bemerkung

Eine Prüfung auf Alkalimetalle ist in der Sodaschmelze naturgemäß nicht möglich. Um auf Alkalimetalle zu prüfen, ist es erforderlich, die vorhandene Kieselsäure mit Fluorwasserstofflösung („Flußsäure") zu verflüchtigen.

Zu diesem Zweck mischt man die Probe in einer Platinschale mit Flußsäure, fügt einige Tropfen konz. Schwefelsäure hinzu und dampft die breiförmige Mischung vorsichtig zur Trockene ein (Abzug!). Hierauf fügt man nochmals Flußsäure und Schwefelsäure hinzu und wiederholt den Vorgang in der gleichen Weise. Der Rückstand wird dann mit heißem Wasser aufgenommen. Man filtriert von dem unlöslich verbliebenen Rest ab und versetzt das Filtrat zur Fällung der Schwefelsäure und aller nicht zu den Alkalien gehörenden Kationen mit soviel Barytwasser, daß die Lösung schwach alkalisch reagiert und bei weiterer Zugabe keine Fällung mehr eintritt. Hierauf wird wieder filtriert und das Filtrat zur Fällung des überschüssigen Bariums mit Ammoniak und überschüssiger Ammoniumcarbonatlösung versetzt. Man erhitzt zum Sieden, filtriert von neuem, dampft das Filtrat zur Trockene ein, entfernt die Ammoniumsalze durch Glühen und prüft schließlich nach S. 94 und 95, Abschnitt c, d und e, auf Alkalien.

Anhang:

Prüfung auf Metalle (Kationen) durch Dünnschichtchromatographie

Zur ergänzenden Prüfung auf Metalle der Schwefelwasserstoff-, Ammoniak-, Ammoniumsulfid- und Erdalkaligruppe sowie auf Magnesium kann die Dünnschichtchromatographie auf Celluloseschichten herangezogen werden[1]. Man verwende Cellulosepulver MN 300, gipsfrei, der Fa. Macherey u. Nagel (Düren) oder entsprechende Präparate anderer Firmen sowie Standardplatten 20 × 20 cm*. Die Laufstrecke beträgt jeweils etwa 10 cm bei Laufzeiten zwischen 1 und 6 Stunden.

In den nachfolgenden Tabellen sind die Ionen in der Reihenfolge ihrer Steighöhen (R_f-Werte) aufgeführt. Von der zahlenmäßigen Angabe der R_f-Werte wurde Abstand genommen, weil diese von zu vielen Faktoren abhängig sind. Die Sichtbarmachung der Chromatogramme erfolgt durch die angegebenen Sprühreagentien. Soweit die Identifizierung im UV-Licht vorzunehmen ist, ist langwelliges UV-Licht zu verwenden. Zur Erhöhung der Nachweissicherheit ist es zweckmäßig, Lösungen der im Untersuchungsmaterial zu erwartenden Ionen als Vergleichssubstanzen mit aufzutragen. Zur Vermeidung von „Überlappungen" dicht nebeneinanderliegender Flecke und zur Ausschaltung von Konzentrationseinflüssen ist es ratsam, die aufgetragenen Lösungsmengen bzw. -konzentrationen zu variieren. Die Farben können in Abhängigkeit von den Reaktionsbedingungen etwas schwanken.

1. Schwefelwasserstoffgruppe

Vorbereitung: Ein kleiner Teil des nach S. 60 oder 61 erhaltenen Niederschlags der Schwefelwasserstoffgruppe wird unter Zugabe von etwa 1 ml konz. Wasserstoffperoxidlösung in soviel verdünnter Salzsäure gelöst, daß eine 0,5—2%ige Lösung der nachzuweisenden Ionen entsteht. Der Überschuß an Wasserstoffperoxid wird durch Kochen entfernt.

Entwicklung der Chromatogramme: Die Untersuchungslösung wird an mindestens 4 Startpunkten aufgetragen (evtl. unter Verwendung mehrerer Platten). Als Fließmittel dient mit verdünnter Salzsäure gesättigtes n-Butanol. Es empfiehlt sich, eine mit dem Fließmittel gesättigte Kammer zu verwenden. Die Laufzeit beträgt 3—4 Stunden. Zum Schluß werden die Platten bei ca. 60 °C getrocknet.

---

[1] K. Randerath: Dünnschicht-Chromatographie. Weinheim/Bergstraße: Verlag Chemie.

* Für 3 Platten werden 5 g des Cellulosepulvers mit 30 ml Wasser angerieben. Die Mischung wird auf die Platten ausgegossen. Letztere werden sodann 20 Minuten bei 100 °C getrocknet.

Sichtbarmachung der Chromatogramme durch Sprühreagentien: Die Chromatogramme werden streifenweise unter Abdeckung des übrigen Teils der Platte mit folgenden Sprühreagentien behandelt:

1. *Kaliumjodidlösung* (2%ige Lösung in Wasser),
2. *konz. Salzsäure,*
3. *verdünnte Ammoniumsulfidlösung* (0,4—0,6%ige Lösung von $(NH_4)_2S_n$ in Wasser) nach vorherigem Behandeln mit Ammoniak,
4. *Quercetinlösung* (0,1%ige Lösung in Äthanol). Nach dem Besprühen wird die Platte Ammoniakdampf ausgesetzt.

Kationen in der Reihenfolge abnehmender R_f-Werte	Sprühreagentien			
	1	2	3	4
Fließmittelfront ↑				
Quecksilber	rot[1]	—	schwarz	—
Antimon[2]	gelb bis braun	grau-braun	—	—
Zinn	—	—	—	gelb
Cadmium	—	—	gelb	—
Arsen	—	braun	—	—
Wismut	gelb bis braun	—	braun	—
Blei	gelb	—	schwarz	—
Kupfer	braun	—	braun-schwarz	—
Startpunkt				

2. Ammoniak- und Ammoniumsulfidgruppe

Vorbereitung: Kleine vereinigte Anteile der Ammoniak- und Ammoniumsulfidfällung oder ein kleiner Teil der gemeinsamen Fällung werden in verdünnter Salzsäure unter Zugabe von etwas konz. Salpetersäure gelöst. Der Überschuß an Salpetersäure wird durch Abrauchen mit konz. Salzsäure entfernt.

Entwicklung der Chromatogramme: Die Untersuchungslösung wird an mindestens 2 Startpunkten aufgetragen. Als Fließmittel dient Eisessig/Pyridin/konz. Salzsäure (80 + 6 + 20 Volumteile). Die Laufzeit beträgt 3—4 Stunden.

Sichtbarmachung der Chromatogramme durch Sprühreagentien: Als Sprühreagentien dienen:

1. *1-(2-Pyridyl-azo)-2-naphthol* („*PAN*") (0,2%ige Lösung in Methanol). Nach dem Besprühen wird die Platte Ammoniakdampf ausgesetzt.
2. *8-Hydroxychinolin* („*Oxin*") (1%ige Lösung in Methanol). Nach dem Besprühen wird die Platte Ammoniakdampf ausgesetzt.

[1] Allmählich verblassend. [2] Antimon neigt zur Schwanzbildung.

Kationen in der Reihenfolge abnehmender R_f-Werte	Sprühreagentien	
	1	2
Fließmittelfront		
Eisen ↑	—	grau-schwarz
Zink	violett	gelb-grün (UV)
Kobalt	grün	braun (UV)
Mangan	violett	braun (UV)
Nickel	violett	braun (UV)
Aluminium	(rötlich)	gelb (UV)
Chrom	(grau-grün)	braun (UV)
Startpunkt		

3. Erdalkaligruppe und Magnesium

Vorbereitung: Man verwende das nach S. 84 erhaltene von Schwefel befreite und auf etwa 50 ml eingeengte Filtrat von der Ammoniumsulfidfällung. Etwa vorhandene Alkalimetalle stören nicht.

Entwicklung der Chromatogramme: Die Untersuchungslösung wird an mindestens 2 Startpunkten aufgetragen. Als Fließmittel dient Methanol/konz. Salzsäure/Wasser (80 + 10 + 10 Volumteile). Die Laufzeit beträgt etwa 1 Stunde.

Sichtbarmachung der Chromatogramme durch Sprühreagentien: Als Sprühreagentien dienen:

1. *8-Hydroxychinolin* („*Oxin*") (1%ige Lösung in Methanol). Nach dem Besprühen wird die Platte Ammoniakdampf ausgesetzt.
2. *Natriumrhodizonat* (0,5%ige Lösung in Wasser; frisch zu bereiten).

Kationen in der Reihenfolge abnehmender R_f-Werte	Sprühreagentien	
	1	2
Fließmittelfront		
Magnesium ↑	gelb-grün (UV)	—
Calcium	gelb-grün (UV)	—
Strontium	türkisfarbig (UV)	rot
Barium	türkisfarbig (UV)	rot
Startpunkt		

Verzeichnis der für die Ausführung qualitativer Analysen benötigten Arbeitsgeräte

(ohne Geräte für die Dünnschichtchromatographie)

Die angemessene Ausstattung des Arbeitsplatzes ist eine wichtige Voraussetzung für die ordnungsgemäße Durchführung analytischer Arbeiten. Unzureichende Labor-Ausrüstung führt zu unvermeidlichen Wartezeiten, bis benützte Arbeitsgeräte wieder frei werden. Die nachfolgenden Angaben stellen *Mindestforderungen* dar, die ein einwandfreies und ununterbrochenes Arbeiten gewährleisten.

1 *Bunsenbrenner* mit Hahn und Sparflamme,
2 *Asbestdrahtnetze*, 16 × 16 cm,
2 *Tondreiecke* von 5 cm Seitenlänge,
1 *Lötrohr* mit Holzmundstück,
1 *Lötrohrkohle*,
2 *Magnesiarinnen*,
20 *Magnesiastäbchen*, in verschlossenem Reagensglas aufzubewahren,
1 *Platindraht*, 4 oder 5 cm lang, 0,5 mm dick, in Glasstab eingeschmolzen (mittels eines durchbohrten Korkstopfens in ein Reagensglas einzusetzen, das zur Hälfte mit verdünnter Salzsäure gefüllt ist),
1 *Schmelztiegelzange*,
1 *Pinzette*, 12—14 cm lang,
50 *Reagensgläser*, 160 × 16 mm, aus Jenaer Fiolax-Glas,
je 2 *Bechergläser* mit Ausguß, niedere oder hohe Form, von 50, 100, 150 und 250 ml Inhalt,
1 *Becherglas* mit Ausguß, hohe Form, von 400 ml Inhalt,
je 2 *Uhrgläser* von 6 und 8 cm ⌀,
1 *Erlenmeyerkolben, enghalsig*, von 25 ml Inhalt,
1 *Erlenmeyerkolben, weithalsig*, von 100 ml Inhalt (zum Einleiten von Schwefelwasserstoff[1]),
2 *Erlenmeyerkolben, enghalsig*, von 100 ml Inhalt,
1 *Erlenmeyerkolben, enghalsig*, von 200 ml Inhalt,
1 *Erlenmeyerkolben, enghalsig*, von 300 ml Inhalt,
1 *Trichter* aus Glas oder Kunststoff, von 50 oder 55 mm ⌀,
1 *Trichter* aus Glas oder Kunststoff, von 70 oder 75 mm ⌀,
2 *Glastrichter* von 45 mm ⌀,
1 *Spritzflasche* aus Kunststoff von 500 ml Inhalt,
1 *kleine Spritzflasche* [Erlenmeyerkolben, enghalsig, 100 ml, mit 2fach durchbohrtem Gummistopfen. Glasgarnitur mit fester, fein ausge-

[1] Das Einleiten kann auch unter Verwendung eines *enghalsigen Erlenmeyerkolbens* von 200 ml Inhalt erfolgen.

zogener Spitze (Rohrdurchmesser 5 mm) und Wärmeschutz (nichtfasernder Bindfaden von 2 mm Stärke)],
1 *Gasüberleitungsrohr*, zweimal rechtwinkelig gebogen, mit durchbohrtem Korkstopfen, auf Reagensglas passend; Länge des Mittelstücks 95 mm, Länge der Schenkel 45 und 185 mm (zum Carbonat-Nachweis),
1 *Gaseinleitungsrohr:* Glasrohr mit ausgezogener Spitze, ca. 15 cm lang[1], äußerer Durchmesser 7 mm; das nichtausgezogene Ende rechtwinkelig gebogen,
1 *Gummistopfen* für Erlenmeyerkolben (enghalsig) von 200 ml Inhalt (zur Fällung von Sulfiden mit Schwefelwasserstoffwasser),
1 *Gummistopfen, 2fach durchbohrt* für 100 ml Erlenmeyerkolben (weithalsig)[2]; Bohrung zur Aufnahme des Gaseinleitungsrohres und eines kurzen geraden Gasableitungsrohres (zur Fällung von Sulfiden mit gasförmigem Schwefelwasserstoff),
1 *Quetschhahn nach* Mohr, 3–5 cm, mittels eines kurzen Schlauchstücks an dem vorerwähnten Gasableitungsrohr anzubringen,
3 *Glasstäbe mit rundgeschmolzenen Enden*, 14, 16 und 20 cm lang, von 3,5—4 mm ⌀,
1 *Glasstab, an einem Ende zu einer Spitze ausgezogen*, 20 cm lang, von 4 mm ⌀,
3 *Pipetten*, ungraduiert, 18 cm lang,
1 *Meßzylinder*, hohe Form von 100 ml Inhalt,
Weithalsflaschen aus Glas oder Kunststoff mit Schraubverschluß, weiß, von 50 und 100 g Inhalt (für feste Stoffe),
Schnappdeckelgläser mit Kunststoffdeckel von 10, 20 und 30 g Inhalt (für feste Stoffe),
Enghalsflaschen aus Glas oder Kunststoff mit Stopfen, weiß, von 30, 50 und 100 ml Inhalt (für Flüssigkeiten),
Enghalsflaschen aus Glas mit Glasstopfen, braun, von 50 und 100 ml Inhalt (für lichtempfindliche Flüssigkeiten),
1 *Porzellan-Reibschale*, rauh, mit Ausguß, von 10 cm ⌀; *mit Pistill*,
3 *Porzellan-Schmelztiegel mit Deckel*, mittelhohe Form, von 35 mm ⌀,
2 *Abdampfschalen* aus Porzellan (halbtiefe Form) oder Glas, mit Ausguß, von 70 und 105 mm ⌀,
1 *Nickeltiegel* mit *Deckel* von 0,5 mm Wandstärke und 35 mm ⌀,
1 *Bleitiegel* von 16 mm innerem Durchmesser, mit *durchlochtem Deckel*,
1 *Kobaltglas*, etwa 5 × 5 cm,
4 *Objektträger*, 76 × 26 mm (für Mikroskop),
1 *Handwaage*, Tragkraft 10, 20 oder 50 g, mit *Gewichtssatz*,
1 *Hornlöffel*, schmal, 16 cm lang,
1 *Spatel* aus Metall oder Horn, 18 cm lang,
1 *Reagensglasgestell* für 12 oder 24 Reagensgläser, mit Abtropfstäben,
1 *Reagensglashalter* aus Holz,

[1] Erfolgt das Einleiten von Schwefelwasserstoff unter Verwendung eines 200 ml-Erlenmeyerkolbens, so benützt man ein *Gaseinleitungsrohr* von etwa 17 cm Länge.

[2] Gegebenenfalls auf 200 ml-Erlenmeyerkolben (enghalsig) passend.

Gummischlauch („Gasschlauch"), 80—120 cm lang, 8 × 2 mm,
Gummischlauch („Gaseinleitungsschlauch"), 35 cm lang, 5 × 1,5 mm,
1 Paar *Wärmeschutzstücke* aus Gummi (selbst herzustellen, indem 3 cm lange Gummischlauchstücke der Länge nach aufgeschnitten werden),
3 Bogen *Filtrierpapier*, glatte Qualität,
je 100 *qualitative Rundfilter* von 7, 9 und 11 cm ∅,
10 *Tabletten aschefreier Filtrierstoff* (Schleicher u. Schüll, Nr. 292),
je 100 Streifen *Lackmuspapier, rot und blau*, in Dosenpackung,
Universalindicator, pH 0—12, in Dosenpackung,
1 *Schutzbrille*,
1 *Lupe*, 5 oder 6 fach,
1 *Fettstift oder Filzschreiber* (zum Beschreiben von Glas),
20 *Kartenblätter*, weiß,
Etiketten,
1 *Reagensglasbürste*,
1 *Trichterrohrbürste*,
1 *Gasanzünder*,
Kunststoff-Kästen oder *Pappkartons* (zur Aufbewahrung der Arbeitsmaterialien während der Nichtbenützung),
Sonstige Gegenstände: Schere, Wischtuch für den Arbeitsplatz, *Handtuch, Seife, Protokollheft, Analysenheft*, evtl. *Vorhängeschloß*.

Außer den genannten Geräten werden üblicherweise **durch das Institut** bereitgestellt: *Mikroskop, UV-Lampe, Handspektroskop*, geradsichtig, *Tarierwaage* von 1 kg Tragkraft, *Platintiegel* und *-schalen, Trockenschränke, Teclubrenner, elektrische Glühöfen, Gebläselampen* mit Drucklufterzeuger, *Filtriergestelle*, KIPP-*Apparate, Dreifüße* sowie sonstige Labor-Einrichtungen.

Verzeichnis der für die Ausführung qualitativer Analysen benötigten Reagentien

A. Feste Stoffe

Ammoniumchlorid	NH_4Cl
Ammoniumthiocyanat	NH_4SCN
Arsen(III)-oxid	As_2O_3
Bleidioxid, manganfrei	PbO_2
Cadmiumcarbonat	$CdCO_3$
Calciumfluorid	CaF_2
Calciumhydroxid	$Ca(OH)_2$
Calciumnitrat	$Ca(NO_3)_2 \cdot 4\,H_2O$
Chloramin T	$C_7H_7O_2SNNaCl \cdot 3\,H_2O$
DEVARDAsche Legierung	50% Cu, 45% Al, 5% Zn
Eisen(II)-sulfat	$FeSO_4 \cdot 7\,H_2O$
Harnstoff	$CO(NH_2)_2$
Kaliumchlorat	$KClO_3$
Kaliumcyanid	KCN
Kalium-cyanoferrat(III)	$K_3[Fe(CN)_6]$
Kaliumdichromat	$K_2Cr_2O_7$
Kaliumdisulfat	$K_2S_2O_7$
Kalium-hydrogensulfat	$KHSO_4$
Kalium-hydroxoantimonat	$K[Sb(OH)_6]$
Kaliumnatriumcarbonat	$K_2CO_3 + Na_2CO_3$
Kaliumnatriumtartrat	$C_4H_4O_6KNa \cdot 4\,H_2O$
Kaliumnitrat	KNO_3
Kaliumpermanganat	$KMnO_4$
Kupfer(II)-oxid	CuO
Natriumacetat, wasserfrei	$CH_3 \cdot COONa$
Natriumammonium-hydrogenphosphat	$NaNH_4HPO_4 \cdot 4\,H_2O$
Natriumcarbonat, wasserfrei	Na_2CO_3
Natrium-cyanonitrosylferrat (Nitroprussidnatrium)	$Na_2[Fe(CN)_5NO] \cdot 2\,H_2O$
Natriumhydroxid, Plätzchenform, zur Analyse	$NaOH$
Natriumnitrit	$NaNO_2$
Natrium-nitrocobaltat	$Na_3[Co(NO_2)_6]$
Natriumsulfat	$Na_2SO_4 \cdot 10\,H_2O$
Natriumsulfit	$Na_2SO_3 \cdot 7\,H_2O$

Phosphorsalzmischung zur Herstellung der Zinnperle[1]	75% $NaNH_4HPO_4 \cdot 4\,H_2O$ 24,9% KNO_3 0,1% $Cu(CH_3 \cdot COO)_2 \cdot H_2O$
Rubidiumchlorid	$RbCl$
Schwefel	S
Seesand, geglüht	—
Silber (Silbermünze)	Ag
Silbernitrat	$AgNO_3$
Silbersulfat	Ag_2SO_4
Zink (Zinkstaub, -stangen[2] u. -späne)	Zn

B. Flüssigkeiten

Sofern nichts anderes angegeben ist, handelt es sich bei den angeführten Lösungen stets um *wäßrige* Lösungen. Die Prozentangaben bedeuten in der Regel Gramm Substanz in 100 ml Lösung. Sofern Gewichtsprozent (Gew.-%) oder Volumprozent (Vol.-%) gemeint sind, ist dies besonders vermerkt. — Ein Teil der Reagentien entspricht in ihren Konzentrationen genau oder annäherungsweise den Anforderungen des Deutschen Arzneibuchs (DAB) bzw. des Europäischen Arzneibuchs (EuAB). In diesen Fällen können die DAB- oder EuAB-Reagentien für die Analysen verwendet werden.

Aceton	$CH_3 \cdot CO \cdot CH_3$
Äthanol, absolut (unvergällt)	$>$ 99,5 Vol.-% C_2H_5OH
Äther	$C_2H_5 \cdot O \cdot C_2H_5$
Alizarin-S-Lösung	0,1% Natrium-1,2-dihydroxyanthrachinon-3-sulfonat
Ammoniak, konzentriert	25 Gew.-% NH_3
Ammoniak, verdünnt	10% NH_3
Ammoniumcarbonatlösung, gesättigt .	15–20% $NH_4HCO_3 + NH_2 \cdot COONH_4$
Ammoniumchloridlösung	10% NH_4Cl

[1] *Herstellung der Phosphorsalzmischung.* In einer Reibschale werden 7,5 g Natriumammonium-hydrogenphosphat („Phosphorsalz") $NaNH_4HPO_4 \cdot 4H_2O$, 2,5 g Kaliumnitrat KNO_3 und 0,01 g Kupfer(II)-acetat $Cu(CH_3 \cdot COO)_2 \cdot H_2O$ gründlich verrieben.

[2] Mittels einer Zange in Stückchen von 5 bis 10 mm Länge zu zerschneiden.

Reagens	Zusammensetzung
Ammoniummolybdatlösung[1]	3,3% $(NH_4)_6Mo_7O_{24} \cdot 4\ H_2O$ 8,8% NH_4NO_3 13% HNO_3
Ammoniumoxalatlösung	4% $(NH_4)_2(COO)_2 \cdot H_2O$ = 3,5% $(NH_4)_2(COO)_2$
Ammonium-rhodanomercurat(II)-lösung[2]	55% $(NH_4)_2[Hg(SCN)_4]$
Ammoniumsulfatlösung	10% $(NH_4)_2SO_4$
Ammoniumsulfidlösung, farblos bis hellgelb[3]	5% $(NH_4)_2S$
Ammoniumsulfidlösung, gelb[4]	4—6% $(NH_4)_2S_n$
Ammoniumthiocyanatlösung	5% NH_4SCN
Amylalkohol	$C_5H_{11}OH$
Bariumchloridlösung	5% $BaCl_2 \cdot 2\ H_2O$ = 4,3% $BaCl_2$
Barytwasser (Bariumhydroxidlösung)	5% $Ba(OH)_2 \cdot 8\ H_2O$ = 2,7% $Ba(OH)_2$
Benzidin, äthanolische Lösung	1% $(C_6H_4 \cdot NH_2)_2$
Blei(II)-acetatlösung	10% $Pb(CH_3 \cdot COO)_2 \cdot 3\ H_2O$ = 8,6% $Pb(CH_3 \cdot COO)_2$
Calciumchloridlösung	10% $CaCl_2 \cdot 6\ H_2O$ = 5,0% $CaCl_2$
Chloroform	$CHCl_3$
Chlorwasser, gesättigt	etwa 0,5% Cl_2
Dimethylglyoxim (Diacetyldioxim), äthanolische Lösung	1% $(CH_3 \cdot C = NOH)_2$
Dinatrium-hydrogenphosphatlösung (Natrium-monohydrogenphosphat-lösung)	10% $Na_2HPO_4 \cdot 12\ H_2O$ = 4,0% Na_2HPO_4
Diphenylcarbazid, äthanolische Lösung[5]	2% $(C_6H_5 \cdot NH \cdot NH)_2CO$

[1] *Herstellung der Ammoniummolybdatlösung.* 7,5 g Ammoniummolybdat $(NH_4)_6Mo_7O_{24} \cdot 4\ H_2O$ werden unter Erwärmen in 100 ml Wasser gelöst. Sodann gibt man 20 g Ammoniumnitrat hinzu, löst unter Umschwenken und gießt die Lösung sofort unter Umrühren mit einem Glasstab in 100 ml etwa 34%ige Salpetersäure (1:1). Die nötigenfalls filtrierte Mischung wird in einer braunen Glasstopfenflasche aufbewahrt.

[2] *Herstellung der Ammonium-rhodanomercurat(II)-lösung.* 3 g Quecksilber(II)-chlorid $HgCl_2$ und 3,3 g Ammoniumthiocyanat NH_4SCN werden in der Kälte in 5 ml Wasser gelöst.

[3] *Herstellung der farblosen Ammoniumsulfidlösung.* In 100 ml 2,5%iges Ammoniak leitet man bis zur Sättigung Schwefelwasserstoff ein (nötigenfalls mehrere Stunden) und setzt sodann weitere 100 ml 2,5%iges Ammoniak hinzu. Die Mischung ist gut verschlossen aufzubewahren; sie ist nur kurze Zeit haltbar.

[4] *Herstellung der gelben Ammoniumsulfidlösung.* Man läßt farbloses Ammoniumsulfid, welches nach Fußnote 3 (oben) bereitet oder im Handel bezogen wurde, längere Zeit in einem nicht vollkommen gefüllten Gefäß stehen. Wird gelbes Ammoniumsulfid sofort benötigt, so kann es auch hergestellt werden, indem man 200 ml farbloses Ammoniumsulfid mit 3 g Schwefel versetzt, unter wiederholtem Umrühren einige Stunden stehen läßt und schließlich von dem ungelösten Rückstand abfiltriert (*Abzug!*). Die so erhaltene Lösung ist jedoch nur beschränkt haltbar.

[5] *Herstellung der Diphenylcarbazidlösung.* Zur Beschleunigung der Auflösung ist gelinde (50° C) zu erwärmen. Die Lösung bleibt beim Erkalten klar.

Reagens	Konzentration
Eisen(III)-chloridlösung	10% $FeCl_3 \cdot 6\,H_2O$ = 6% $FeCl_3$
Essigsäure, verdünnt	20% $CH_3 \cdot COOH$
Fuchsin-Malachitgrünlösung [1]	0,02% Fuchsin 0,006% Malachitgrün
Indigocarminlösung [2]	0,2% Indigocarmin
Jod-Kaliumjodidlösung (Jodlösung)	1% J_2 2% KJ
Kaliumchloridlösung	20% KCl
Kaliumchromatlösung	5% K_2CrO_4
Kalium-cyanoferrat(II)-Lösung . . .	5% $K_4[Fe(CN)_6] \cdot 3\,H_2O$ = 4,4% $K_4[Fe(CN)_6]$
Kaliumjodidlösung	5% KJ
Kaliumpermanganatlösung, konz. [3] . .	6% $KMnO_4$
Kaliumpermanganatlösung, verdünnt .	0,3% $KMnO_4$
Kobalt(II)-nitratlösung	10% $Co(NO_3)_2 \cdot 6\,H_2O$
Kohlendisulfid (Schwefelkohlenstoff) . .	CS_2
Kupfer(II)-acetatlösung	0,3% $Cu(CH_3 \cdot COO)_2 \cdot H_2O$
Kupfer(II)-sulfatlösung	5% $CuSO_4 \cdot 5\,H_2O$ = 3,2% $CuSO_4$
Magnesiumchloridlösung	10% $MgCl_2 \cdot 6\,H_2O$ = 4,7% $MgCl_2$
Magnesium-uranylacetatlösung [4]	10% $UO_2(CH_3 \cdot COO)_2 \cdot 2\,H_2O$ 30% $Mg(CH_3 \cdot COO)_2 \cdot 4\,H_2O$ 12% Eisessig
Mangan(II)-sulfatlösung	30% $MnSO_4 \cdot 4\,H_2O$ = 20% $MnSO_4$
Methanol	CH_3OH
Morin, methanolische Lösung	0,1% Morin
Natriumacetatlösung	20% $CH_3 \cdot COONa \cdot 3\,H_2O$ = 12,1% $CH_3 \cdot COONa$
Natriumazidlösung	5% NaN_3
Natriumcarbonatlösung	20% $Na_2CO_3 \cdot 10\,H_2O$ = 7,4% Na_2CO_3
Natriumsilicatlösung (Wasserglas) . . .	3% $Na_2Si_3O_7 + Na_2Si_4O_9$
Natronlauge (Natriumhydroxidlösung) .	15% NaOH
NESSLERS Reagens	6% $K_2[HgJ_4]$ 15% KOH

---

[1] *Herstellung der Fuchsin-Malachitgrünlösung.* 0,2 g Fuchsin und 0,06 g Malachitgrün werden in 1000 ml Wasser gelöst. Die Lösung ist nur einige Monate haltbar. Tritt eine Verfärbung auf, so ist die Lösung verdorben und muß frisch hergestellt werden.

[2] *Herstellung der Indigocarminlösung.* 0,2 g Indigocarmin werden in 100 ml Wasser gelöst. Erfolgt keine vollständige Lösung, so wird filtriert.

[3] Die Lösung ist von Zeit zu Zeit zu erneuern.

[4] *Herstellung der Magnesium-uranylacetatlösung.* 10 g Uranylacetat $UO_2(CH_3 \cdot COO)_2 \cdot 2\,H_2O$, 30 g Magnesiumacetat $Mg(CH_3 \cdot COO)_2 \cdot 4\,H_2O$ und 12 ml Eisessig werden mit Wasser auf 100 ml aufgefüllt. Die nötigenfalls nach 24 Stunden filtrierte Lösung wird in einer braunen Flasche aus *Jenaer Glas* aufbewahrt.

Phenylendiaminlösung, meta[1]	0,5% $C_6H_4(NH_2)_2 \cdot 2\,HCl$ 0,5% $CH_3 \cdot COOH$
Quecksilber(II)-chloridlösung	5% $HgCl_2$
Salpetersäure, konzentriert	65—68 Gew.-% HNO_3
Salpetersäure, verdünnt	20% HNO_3
Salzsäure, konzentriert	37 Gew.-% HCl
Salzsäure, verdünnt	12,5% HCl
Schwefelsäure, konzentriert	95—97 Gew.-% H_2SO_4
Schwefelsäure, verdünnt	15% H_2SO_4
Schwefelwasserstoffwasser	0,4—0,5% H_2S (frisch herzustellen)
Schweflige Säure	5—6% SO_2
Silbernitratlösung	5% $AgNO_3$
Stärkelösung[2]	1% $(C_6H_{10}O_5)_n$
Strontiumnitratlösung	10% $Sr(NO_3)_2$
Titanylsulfatlösung[3]	1,3% $TiOSO_4$ 15% H_2SO_4
Wasserstoffperoxidlösung, konzentriert („Perhydrol"), zur Analyse	30% H_2O_2
Wasserstoffperoxidlösung, verdünnt[4] .	3% H_2O_2
Zinkjodid-Stärkelösung	0,25% ZnJ_2 2% $ZnCl_2$ 0,4% Stärke
Zinksulfatlösung	20% $ZnSO_4 \cdot 7\,H_2O$ = 11,2% $ZnSO_4$
Zinn(II)-chloridlösung	10% $SnCl_2 \cdot 2\,H_2O$ = 8,4% $SnCl_2$, gelöst in 6%iger HCl

[1] *Herstellung der Phenylendiaminlösung.* 0,5 g m-Phenylendiamin-hydrochlorid werden in 100 ml Wasser gelöst und mit 2,5 ml verdünnter Essigsäure versetzt. Die Lösung ist nur einige Monate haltbar. Man überzeuge sich von Zeit zu Zeit durch einen *Kontrollversuch* mit sehr verdünnter Natriumnitritlösung von der Brauchbarkeit der Lösung.

[2] *Herstellung der Stärkelösung.* 2,5 g lösliche Stärke werden mit etwa 10 ml Wasser angerieben. Hierauf versetzt man mit 250 ml kochendem Wasser und rührt um. Man erhält eine meist schwach opalescierende Flüssigkeit, die nach dem Erkalten von stark verdünnter Jod-Kaliumjodidlösung gebläut wird. Entstehen rötlich-violette oder braune Farbtöne, so ist die Stärkelösung verdorben und muß wieder frisch hergestellt werden. Zur Erhöhung der Haltbarkeit kann eine sehr geringe Menge Quecksilber(II)-jodid HgJ_2 zugegeben werden.

[3] *Herstellung der Titanylsulfatlösung.* Etwa 2 g Titanylsulfat werden mit 100 ml verdünnter Schwefelsäure versetzt und zum Sieden erhitzt. Nach dem Erkalten wird die Lösung filtriert.

[4] *Herstellung der verdünnten Wasserstoffperoxidlösung.* 10 ml Perhydrol, zur Analyse, werden mit 90 ml Wasser versetzt. Die Lösung wird in einer braunen Glasstopfenflasche aufbewahrt.

Verzeichnis der in vorliegender Anleitung gebrauchten neuen Bezeichnungen nach den Richtsätzen der IUPAC[1]

Nr.	Neue Bezeichnungen (IUPAC) (in alphabetischer Reihenfolge)	Frühere Bezeichnungen
1	Acetatohydroxoeisen(III)-acetat (bzw. -hydroxid)	basisches Ferriacetat
2	Ammonium-molybdatoarsenat	Ammoniumarsenmolybdat, Ammoniummolybdänarsenat
3	Ammonium-molybdatophosphat	Ammoniumphosphormolybdat, Ammoniummolybdänphosphat
4	Ammonium-rhodanocobaltat(II)	Ammoniumkobaltorhodanid
5	Ammonium-rhodanomercurat(II)	Ammoniummercurirhodanid
6	Bis(dimethylglyoximato)-nickel(II)	Nickeldimethylglyoxim
7	Bromchlorid	Chlorbrom
8	Cadmium-rhodanomercurat(II)	Cadmiummercurirhodanid
9	Cyanoferrat(II) [vgl. auch Nr. 14]	Ferrocyanid
10	Cyanoferrat(III) [vgl. auch Nr. 15]	Ferricyanid
11	Dinatrium-hydrogenphosphat [vgl. auch Nr. 24]	Dinatriumphosphat
12	Eisen(III)-hydroxidsulfat	basisches Ferrisulfat
13	Fluorosilicat	Fluosilicat, Silicofluorid
14	Hexacyanoferrat(II) [vgl. auch Nr. 9]	Ferrocyanid
15	Hexacyanoferrat(III) [vgl. auch Nr. 10]	Ferricyanid
16	Hexafluoroferrat(III)	Eisenhexafluorid
17	Hydrogencarbonat (bzw. -fluorid, -sulfat, -sulfit usw.)	Bicarbonat (bzw. -fluorid, -sulfat, -sulfit usw.)
18	Hydroxidcarbonat (bzw. -sulfat) [vgl. auch Nr. 27]	basisches Carbonat (bzw. basisches Sulfat)
19	Hydroxoantimonat	saures Pyroantimonat
20	Jod-Kaliumjodid	Jodjodkali

[1] Richtsätze für die Nomenklatur der Anorganischen Chemie. Weinheim/Bergstraße: Verlag Chemie (1970).

Nr.	Neue Bezeichnungen (IUPAC) (in alphabetischer Reihenfolge)	Frühere Bezeichnungen
21	Kaliumnatrium-nitrocobaltat	Kaliumnatriumkobaltinitrit
22	Kohlendisulfid	Schwefelkohlenstoff
23	Natrium-cyanonitrosylferrat	Nitroprussidnatrium
24	Natrium-monohydrogenphosphat [vgl. auch Nr. 11]	Dinatriumphosphat
25	Natrium-nitrocobaltat	Natriumkobaltinitrit (BIILMANNS Reagens)
26	Nitrosyleisen(II)-sulfat	Nitrosoferrosulfat
27	Oxidcarbonat (bzw. -chlorid, -nitrat usw.) [vgl. auch Nr. 18]	basisches Carbonat (bzw. basisches Chlorid, basisches Nitrat usw.)
28	Schwefel(II)-bromid)	Bromschwefel
29	Tetramminkupfer(II)-Ion	Kupfertetrammin-Ion
30	Thioarsenat (bzw. -antimonat, -stannat) . .	Sulfarsenat (bzw. -antimonat, -stannat)
31	Thioarsenit	Sulfarsenit
32	Thiocyanat	Rhodanid[1]
33	Thiocyansäure	Rhodanwasserstoffsäure
34	Thiosalze	Sulfosalze

Anmerkungen:

1. Sofern neben den ausführlichen Bezeichnungen (z. B. „Hexafluorosilicat") auch abgekürzte Bezeichnungen (z. B. „Fluorosilicat") für ein und dieselbe Verbindung existieren, sind in dem Verzeichnis *nur* die in dem vorliegenden Analysengang gewählten Bezeichnungen aufgeführt, da derselbe praktischen, nicht didaktischen Zwecken dient.

2. In dem vorliegenden Analysengang werden neben den neuen Bezeichnungen der IUPAC — soweit zulässig — auch noch die alten Bezeichnungen gebraucht, z. B. „Permanganat" (alt) an Stelle von „Manganat(VII)" (neu); „Plumbit" (alt) an Stelle von „Plumbat(II)" (neu). Ein *ausführliches* Verzeichnis der neuen Nomenklatur im Vergleich mit den früheren Bezeichnungen findet sich bei *S. W. Souci* unter Mitwirkung von *H. Thies*: Praktikum der qualitativen Analyse. München: J. F. BERGMANN.

[1] Die Bezeichnung „Rhodanid" ist als Trivialnamen noch neben „Thiocyanat" gebräuchlich.

Sachverzeichnis

Printed in the United States
by Baker & Taylor Publisher Services